理 解

**UNDERSTANDING
HUMAN NATURE**

人 性

（精装典藏版）

〔奥〕阿德勒 - 著

江月 - 译

中国水利水电出版社
www.waterpub.com.cn
·北京·

内 容 提 要

　　本书以心理治疗案例和社会教育经验为基础，对人类的性格进行了科学的剖析，帮助身陷困境的现代人更好地认识自己和他人，走出家庭和社会关系的迷宫，找到与自己、他人和社会和谐相处的方法。

图书在版编目（ＣＩＰ）数据

　　理解人性：精装典藏版 /（奥）阿德勒著 ；江月译. -- 北京：中国水利水电出版社，2022.1（2022.10 重印）
　　ISBN 978-7-5226-0120-5

　　Ⅰ.①理… Ⅱ.①阿… ②江… Ⅲ.①个性心理学—研究 Ⅳ.①B848

　　中国版本图书馆CIP数据核字（2021）第218979号

书　　　名	**理解人性（精装典藏版）** LIJIE RENXING (JINGZHUANG DIANCANG BAN)
作　　　者	〔奥〕阿德勒 著 江月 译
出版发行	中国水利水电出版社 （北京市海淀区玉渊潭南路1号D座　100038） 网址：www.waterpub.com.cn E-mail：sales@mwr.gov.cn 电话：（010）68545888（营销中心）
经　　　售	北京科水图书销售有限公司 电话：（010）68545874、63202643 全国各地新华书店和相关出版物销售网点
排　　　版	北京水利万物传媒有限公司
印　　　刷	河北朗祥印刷有限公司
规　　　格	146mm×210mm　32开本　8印张　186千字
版　　　次	2022年1月第1版　2022年10月第2次印刷
定　　　价	56.00元

人类的精神决定命运

——希罗多德

我们在对人性进行科学研究的时候，千万不能抱着自以为是或自大的态度，而是要待之以慎重客观的态度。于我们人类而言，探索人性问题的确是一个相当艰巨的任务，原因在于探索人性的奥秘从古至今都是人类文明所追求的终极目标之一。所以，我们这门学科存在的真正目的并非要培养所谓的应时应景的专家，而是要引导所有的人了解人性。没错，这一点的确会令那些学院派研究者们感到恼火，原因是他们认为自己的研究理应属于科学机构的专属特权，一般平民百姓是不能随便染指的。

在日常生活中，人与人之间会存在一定的心理距离，因此，很难有人可以获得全面而深刻地探究并了解人性的机会。不过在今天，相比过去，人与人之间的关系更加疏远。家庭是将人们彼此分隔开来的首要因素，它使我们周围树立起了一道道壁垒，令我们从小就难以获得与他人深入交流的机会。除此之外，我们也因自己的生活方式而失去了与他人展开深入而亲密交流的机会，而这种交流对于我们理解人性而言，是一个必要的环节。由于人与人之间缺乏足够的交流，彼此之间就极易产生敌意。

换言之，我们会不公正地对待他人的原因，就在于我们频繁地做出错误的判断，而这一切均是由于我们缺乏对人性的理解。大部分人经常说，尽管与他人低头不见抬头见，尽管我们互相说着话，但是彼此之间并不曾真正交流过。出现这种情形的主要原因就在于，不管是在社会中还是在家庭这个小圈子里，人与人之间存在着隔阂，人与人之间缺乏最基本的理解。

我们经常会听到父母抱怨自己很难理解孩子，而孩子则抱怨自己经常被父母误解。事实上，我们对他人的理解程度决定了我们对待他人的态度。就这一意义而言，倘若打算构建一种和谐的人际关系，理解他人的确是一个基本的前提条件，甚至可以说理解他人是社会生活的基础。我们深信，倘若大家都获得了对人性足够的了解，那么人与人之间就会变得更容易相处，社会也不会再纷纷扰扰，难以平稳安定；不过倘若人与人之间无法互相理解，倘若人们缺乏交流且受惑于简单肤浅的表面现象，那么就极有可能发生严重的冲突。

接下来，我们就来阐明以下问题：何以探讨人性问题是为了给医学奠定严密的科学基础。同时我们还要针对以下问题展开说明：什么才是人性科学的前提，其必须解决的问题是什么，以及它会为我们带来什么好处。

首先，人性知识是精神病学领域需要的，而且数量巨大。在这一特殊的医学领域，医生只有确切地把握了病人内心深处的所有活动，方能进行有效的诊断和治疗。所以精神病医生一定要尽可能迅速而准确地洞悉神经症患者的内心世界。在此，仅看表面现象是不行的。须知，一旦对病情理解错误，就会产生可怕的后果。

换言之，于精神病学这一领域，患者能不能得到有效的治疗，与医生具不具备足够的人性知识有着直接的关系。在日常生活中，如果我们对他人的性格判断失误，并不会马上造成严重的后果，原因是此类后果大都是在误判发生相当长的时间之后才暴露出来，它们之间的因果联系并不是特别明显。例如，我们经常会听闻此类让人震撼的事情：人们对某人误解多年，数十年后误解导致的巨大不幸慢慢浮出水面。此类不幸事件启示我们——所有人都有必要、有责任掌握一定的人性知识。

对神经性疾病的相关研究证明，就心理变态、心理郁结和心理失调而言，神经症患者的表现在结构上与正常人的心理活动基本上不存在大的不同，无论是构成要素、前提条件还是变化轨迹，它们均相差无几。其唯一的区别就在于：一些表现在神经症患者身上更明显、更易于识别。这一研究结果的价值在于，我们可以把得自变态病例观察中的经验运用到普通人身上，帮助我们更深入地洞悉普通人的心理活动和特征。而要做到这一点相当容易，我们仅需要付出做其他工作时需要的努力、热情和耐心即可。

我们首个最重要的研究成果是这样的：早在童年时期，一个人精神生活结构中起决定性作用的那些因素已经形成。这当然谈不上是什么惊天动地的研究成果，从前也有一些伟大的学者提出过类似的看法，不过我们的研究成果具有一定的独创性。这一独创性表现在：我们会将童年的经历、印象，以及态度和长大之后的心灵活动联系起来，让二者处在一个因果关联的统一模式中，然后进行综合考虑。

如此一来，我们就必须综合比较童年早期及成年之后相关的心理活动；而且，我们借助这种方式认识到，心灵在不同时期的不同表现之间是相互关联的，千万不要将其当作各自独立的实体。换言之，于心灵的各种表现而言，我们仅能将之当作一个完整人格的组成部分，如此方能真正读懂它们。

总之，我们已经明确了一个问题，即人的心灵活动并不会发生实质性的变化。意即，就外在形态和具象性或语言化的表达形式而言，人的心灵活动有可能会发生不同类型的变化，不过其基本要素、目标、动力等一切可以将心灵活动引向最终目标的东西却恒定不变。例如，一位成年患者，其性情焦躁，内心一直充满着怀疑和不信任，而且一直在竭力逃避社会。此类表现实际上和其三四岁时的性格特征及心理活动一致，所不同之处在于此类表现在幼年时期可以更容易被看透罢了。如此一来，我们就会将更多的注意力投入患者的童年时期，使之成为我们的一个研究准则，而我们也慢慢具备了在对一个成年人的现状一无所知的情况下借助于对其童年生活的了解将其性格特征揭示出来的能力。至于这个成年人身上所表现出的不同类型的性格特征，我们以童年经历的直接投射来称呼。

假如我们可以让患者将其童年记忆准确地叙述出来，同时我们也清楚怎样正确地解读这些记忆，那么我们就可以精确地将患者如今的性格模式构建出来。借助于这种方式探索人性的原因在于——我们深知，一个人极难偏离其童年时期所形成的行为模式。虽然每个人长大之后的处境必定与儿时的处境存在着极大的不同，但是没人可以改变其在童年时期所形成的行为模式；就算是一个人长大之后的态度有所变化，这也并非说明其行为模式发生了改变。

总之，心灵活动的基础是恒定不变的，因此一个人无论是儿时还是成年后，其行动轨迹基本上是一样的。依据此点，我们可以进一步断定，此人的人生目标必定是恒定不变的。既然这样，我们若想改变患者当下的行为模式，当然就要从其童年经历入手。我们深知，只是改变患者成年后的各种经验和印象是不会起到一点儿作用的，真正重要之处在于将其行为的基本模式挖出来。如果可以做到这一点，我们就可以了解其主要的性格特征，进而对其病情做出正确的诊断。

我们这门学科以对儿童心灵的考察为支点，将大量的研究集中于人生最初的那几年。由于此领域当前还存在相当多的空白，还存在相当多的未知内容等待我们去探究，所以每一个研究人员在此均可能发掘出极具价值的新成果，而人性的研究将会因为这些成果而获得巨大的进步。

我们绝非出于研究而研究，而是出于全人类的利益而研究。本着这一宗旨，我们研究出了一种可以预防性格缺陷的方法。我们也不墨守成规、画地为牢，多年以来，我们都集中研究教育学领域，让研究和教育实践相结合。事实上，教育学的研究和人性科学的研究一样，均要奉行实践出真知的原则，而不能纸上谈兵。所以，倘若有人愿意投身于教育事业，并且打算在教育实践过程中验证自己在人性研究方面的重要发现，那么对于此人而言，教育学的确是一个名副其实的宝藏。

我们应该用心灵去感受他人心灵活动中的所有表现，要设身处地地体会他人的喜怒哀乐，这就像优秀的画家作画一样，要将自己所感受到的人物性格融入肖像画中。我们理应将人性科学当作一门艺术。这种艺术的用途相当广泛，它不但与其他门类的艺术密切相关，而且可以对它们产生极大的益处，尤其是文学和诗歌方面，其重要性非比寻常。可以说，人性科学的最终目的就是让所有人都可以掌握一定的人性知识，换言之，人性科学理应确保每个人的心理得以更健康、更成熟地发展。

不过，我们还面临着一个巨大难题，即在理解人性这件事情上，人们一般都表现得特别自以为是。就算是对人性科学一无所知，一般人也会认为自己在此方面可谓无师自通；如果对其质疑，他们就会倍感委屈，认为自己受到了伤害。只有那些可以认同并理解他人价值的人方能真正理解人性，而这样的人并非曾经亲身经历过心理危机，而是其心灵极为敏感，可以洞察他人身上的心理危机。

　　面对这种情况，我们要在实践的过程中适当地采用一些策略和技巧。须知，我们所做的是将事实由一个人的心灵深处挖掘出来，然后不加掩饰地摆在他面前，而此举是人们极为排斥的举动。因此，我们在此要忠告大家：倘若你不想招人讨厌，那么在遇到此类情形时最好谨慎行事。如果有人经常轻率地滥用或误用自己的那点儿人性知识，那么可以确定的是，此人必定会成为一个人见人烦的人。在人性科学面前，我们务必要保持谦虚谨慎的态度，切不可冒失地宣布实验结果——这种相当孩子气的做法就如同小孩子急于炫耀并卖弄自己可以做到的一切似的——身为成年人，倘若还喜欢此类炫耀的行为，那就极为不妥当了。

　　我们给有一定人性知识的人的建议是，切记要三思而后行。在开导他人的过程中，当你获得的结论没有得到证实的时候，千万不要将其硬生生地摆在开导对象面前。如果你这样做了，那么被开导者通常会感到极难接受，最终的结果就是，对方的问题不但不会因为你的冲动鲁莽而得以解决，或许还会由于你的做法而导致更为严重的后果，那就会让我们这门还处于发展阶段的科学陷入举步维艰的困境。

　　所以，大家最好时刻保持谨慎的态度，并且始终牢记以下这点：仅能在完整地了解了某个事物之后，才能对其局部特征下结论；仅有在确保对当事人有利的情况下，才能将自己得出的结论公开。无论是对他人性格的错误的断言，还是对他人性格的正确的断言，均不要在不恰当的时机说出来，以免给他人造成不必要的伤害。

讨论进行至此，大家心中必定产生了相当多的疑问。在此之前，我们已经讲过，个体的生活方式一直是恒定不变的。或许相当多的人无法理解这种说法，原因是人们一般认为，个体在其漫长的一生中会经历难以估量的事情，其人生态度必定会因为这样丰富的经历而发生一些变化。不过，事实却并不是这样的。大家务必要记住：所有的经历或许均被赋予了相当多不同的解释。就算是同一种经历，不同的人也会从中获得不同的结论，这说明并非每种经历均会令我们变得更聪明。

当然，一个人可以借助于持续不断的学习来解决某些难题并形成自己的人生态度，不过，其所遵循的行为模式并不会因此而发生改变。我们会在后面的讨论中看到，一个人的所有经历均指向同一个目标，而且其生活方式和行为模式与这些经历高度吻合。

众所周知，人人均可以从各种经历中获得属于自己的独特经验。换言之，一个人如何看待自身经历，会从自身经历中获得怎样的结论，这一切均由其本人决定。我们借助于观察发现，人们由其自身经历中获得的结论往往都是他们自己想得到的。举例来说，一个人总是犯相同的错误，他也承认自己犯了错，不过承认了错误之后，他会寻找出不同类型的借口替自己开脱。常见的情况是，他或许辩解这是自己的老毛病，如今已经积习难改了；或许会怪其父母，或者怪自己不曾接受良好的教育；他或许还会抱怨自己从不曾得到他人的关心，或者称自己从小就被宠坏了，又或者称自己从前受到过虐待。

总而言之，无论是何种借口，均暴露出了一个相同的问题，即这个人打算将自己的责任推卸掉。他找的这些原因其实是在替自己找一个看上去相当合理的借口，从而让自己免受他人的批评。总之，其所有经历均被他赋予相当多的解释，或者可以说，我们由相同的一种经历中可能会得出诸多不同的结论。如果你可以认清这一事实，那么你就会明白，一个人根本无法改变自己的行为模式，他会由各种经历中总结出符合自身行为模式的经验来。由此可见，于我们人类而言，认识自己和改变自己是极难实现的。

一个人倘若不曾掌握足够的人性科学理论和技能，那么他就极难教好别人。此类人经常仅做表面功夫，或刻舟求剑，认为仅从表面观察，就足以证明自己的工作取得了显著的成效。不过，我们由事实获知，倘若行为模式不发生根本改变，即便表面上发生的变化再大，最终也仅是一些似是而非、没有任何价值的表面文章罢了，它们绝对无法证实一个人发生了本质上的改变。

让一个人真正改变，是一个相当复杂的过程，这一过程需要乐观的心态以及持久的耐心，最重要的是，它需要我们将个人的虚荣心完全摒弃，原因在于被改变者不承担满足他人虚荣心的义务。除此之外，改变的过程一定要让被改变的人感觉到合情合理、可以接受。

关于此点极易理解，这就如同有些人对待饮食的态度一样，如果某道菜并非按照自己所想象的那样做出来的，那么就算是平时最喜欢吃的美食，这些人也会拒绝食用。

人性科学除了针对个体心理，还具备另外一个特性，那就是社会性。倘若人类可以更好地相互理解，那么人与人之间的关系就会更加融洽，社会就会更加团结、和谐。在这样的环境中，人们是不会互相伤害、互相欺骗的。在这里，我们一定要每一位从事人性科学研究的同行们记住，于整个社会来说，欺骗是一种极具破坏性的行为。除此之外，各位务必要让研究对象清楚，每个人身上均潜藏着许多不易察觉的潜意识，这些潜意识的作用相当巨大，无法估量。总而言之，倘若想做到以上几点，我们就一定要深入了解人性科学，此外在将人性知识付诸实践的过程中，也要高度考虑其社会性。

那么，哪些人最适合从事人性研究工作呢？我们曾经说过，于人性科学而言，仅具备理论研究是不可行的，它需要我们将研究结果付诸实践去验证。唯有将研究和实践相结合，我们才能对人性有更敏锐、更深刻的认识，而这正是我们从事理论研究的最终目的。唯有深入生活中去，将理论与实践相结合，让其接受检验，人性科学方能真正发扬光大。

我们提倡这样做的原因在于，首先，现代教育体制在提供有关心灵或人性方面的知识方面并不全面，其结果就表现为人们在接受教育时所学到的人性知识少得可怜且大多是错误的。由此可见，每一个儿童在其成长过程中均是孤身作战，他们绝对是凭一己之力来对自身经历进行揣摩从而得出自己的经验，换言之，他们是于课堂之外、于生活实践中完成自我心灵成长的；其次，当前对人性的探讨还不曾形成一个明确而统一的体系，在今天，人性科学的地位差不多就和炼金术时代的化学一样，所以我们还要不断地从现实生活中汲取更多的人性知识。

我们发现，就算是在目前这种杂乱无章、不健全的教育体制下，一些人还是可以积极地融入社会，而此类人正是最适合从事人性研究的人。我们在从事人性科学研究的过程中要面对形形色色的人，他们之中不但有不屈不挠的悲观主义者（即那些尽管悲观却从不轻易妥协的人），还有乐观主义者。不过，仅与此类人接触远远不够，我们一定还要亲身体验。令人遗憾的是，我们接受的教育极其不完善，所以并非每个人均可以轻松地触及人性，仅有一类人可以真正深刻地体悟人性，那就是一度犯过错不过后来幡然悔悟、改过自新之人。此类人当中，有的人或许是一度陷入了思想混乱的旋涡之中，困于形形色色的错误，不过最终他们挣脱了出来；有的人则是一度靠近过这个旋涡，并受到了强烈的精神冲击。

唯有那些亲身经历过各种情感激荡的人才最懂得人性。不管是在各大宗教盛极一时的时代，还是如今我们身处的时代，回头的浪子均是相当有价值的一类人，相比成千上万的正派人，他们站得更高、看得更远。之所以这样说，是因为如果一个人曾经于各种生活困境中挣扎过，曾经艰难地从人生的泥潭中爬了出来，曾经勇敢地由堕落经历中吸取了经验教训并将其升华，那么他对人生必定深有体会，因此就理解人性方面而言，其悟性必定会比其他人高。当然，我们也必须承认，正派人当中也有悟性极高之人。

当我们掌握了一定的人性知识之后，倘若发现某个人的行为模式无法令其获得幸福，那么我们就有责任为他提供帮助，使之调整错误的人生观。我们理应告诉他何样的人生观才是更好的、更适合社会、更适合获取现世幸福的，理应为他展示一套新的价值观念、一种新的生活方式，理应让社会感和公共意识成为他人生中的重要成分。当然，我们之所以这样做，并非要为他硬生生地植入一个理想化的心灵活动模式，而是为其提供一种借鉴。可以说，在身处困惑中的人面前树立一种新的观念，是相当有意义的事情，这会让此人引以为鉴，从中看清自己误入歧途之处。在决定论者看来，人的所有行动均是早已注定的。于我们看来，这种说法完全就是谬误。一个人倘若经常反省自己，经常思索人生，那么因果关系必定会发生变化，不同的经历和经验必定会时常规正他腐旧的价值理念。他仅需找到行动的动力，仅需主宰自己的心灵，就可以越来越清晰、越来越深刻地认识自己。而一个人倘若可以明白这一道理，就会发生翻天覆地的改变，也就会有勇气面对自己的人生以及自己理应承担的所有责任。

第一部 人的行为

第二部 性格的科学

第一部

人的行为

第一章

心灵

一、心灵的基本概念和前提

我们认为，唯有会动的、有生命的生物才可以拥有心灵。心灵和自由运动之间的关系是固有的，所以任何牢固地扎根于大地的生物均无须拥有心灵。试想，如果某种扎根于大地的植物获得了情感和思想，那会是一件多么怪异的事情啊！如果有人声称植物能预感到自己在劫难逃并为此感到万分痛苦，谁又会相信呢？倘若植物压根儿不可能拥有运用意志的机会和能力，那它又拥有理性和自由意志的意义何在呢？因此，理性和意志根本不可能出现在植物身上的。

运动和心灵之间存在着一种严格的因果关系，植物与动物因其得以区别开来。所以，我们务必牢记，内心世界的任何表现均与运动有关。当我们遇到所有和位置变动有关的问题时，我们均需用心灵去预见、积累经验、展开记忆，如此一来我们方能顺利地解决问题，方能具备更强的生存能力。既然这样，那么我们在最初的时候就要确定这样一个前提：心灵和运动密切相关，自由运动能力决定了心灵的发展和进步。运动一方面可以刺激心灵，令其变得越来越强大，另一方面可以要求心灵永久保持新鲜的活力，使之永远处于动态过程中。例如，如果某个人的一举一动均处于我们的意料之中，那么我们就完全可以断定此人的内心世界已经枯竭了，其心灵已经停止发展了。

二、心灵的功用

心灵到底具有怎样的功用呢？倘若从运动和心灵息息相关这一角度来看，我们就会发现，心灵可以让生物代代相传，因此称其为一种攻守兼备的器官并不过分，任何有生命的生物均是依靠这种器官应付其所处环境的。我们的心灵始终处于积极活动、锐意进取的状态的原因就在于我们在持续不断地寻求安全感。换言之，人类心灵的一切活动均指向了一个终极目标，即确保人类可以在地球上生存下去，并且可以平稳顺利地发展下去。此点是我们人性研究的理论基石，只有在这一基础上，我们方能合情合理地就人的内心世界是无法与世隔绝的这一问题展开探讨。

换言之，若想真正了解人的心灵，那么就必须面对这个问题。我们认为，心灵与其所处的环境之间存在着密不可分的联系，心灵始终受着外部环境的刺激，并会对这些刺激作出回应：或者是将某些能力和力量舍弃，进而令其自身机体免受外部环境的侵害；或者设法使之依附于这些力量，进而令自己的生命安全得到保障。

心灵与外部环境之间的联系是如此之多，可谓不胜枚举，不过任何联系均与生物体自身有关，换言之，即和人的特性、人体的自然属性以及人的优缺点有关。而某种特性、某项能力或某个器官的利与弊只能是相对来说的，其价值仅能由生物体所处的环境而定。就自卑情结而言，对于每个人来说，自卑均非绝对的恶；它到底可以为我们带来好处还是坏处，与我们个体所处的具体环境相关。

总之，当你思考宇宙与人类心灵之间的诸多联系，宇宙中的昼夜交替、阳光普照以及原子的运动，等等，我们就可以切实地体会到此类因素对人类心灵造成的巨大影响。

三、心灵的目标

心灵最显著的一个特点就是，任何的心灵活动均指向一个目标。这说明，心灵是一个包含了诸多行动力的集合体，而绝非一个静止的个体；这一集合体中的所有行动均由一个原因所引发，均是为了达到一个相同的目标而努力的。实际上，心灵努力想达到的这个目标便是适应其自身所处的环境，而这一目标是深藏于我们所有人内心世界中的目标，我们内心世界的所有活动均在此目标的牵动与指引下进行着。

心灵的目标决定着人的心灵活动。如果缺少一个始终存在的目标来对人的心灵世界中的一切活动进行规定、延续、修正并指引，那么人就无法思考、感受、渴望、梦想。每个人都会为自己的心灵设定目标，原因在于这可以让其适应环境并对环境做出适当的调整，这就像我们在此之前讨论的那样，于人类而言，其肉体和心灵必然要面对的一个基本任务就是适应环境、寻求安全感。因此可以说，我们要想让心灵持续向前发展，就一定要设定一个终极目标，这个目标必须是一个可以激发生命活力的目标，而且其本身必须具备持续变化与静止不变二者统一的特点。

　　由此意义可知，就本质而言，我们一切的内心活动均在为未来的某种处境做准备；可以说，除了一股向着某个特定目标前进的力量，我们的心灵中可谓再无他物。所以，从个体心理学的角度来说，人类心灵的一切表现形式均指向相同的目标。

　　当我们对世界、对人性获得了一定的认识之后，倘若我们还明确了一个人的目标，那么我们就一定可以将此人诸多行动和表现背后所隐含的意义挖掘出来，进而明白此类行动和表现的最终目的，就是实现其目标，我们甚至还可以预测此人为了实现目标会采取何种行动，这就如同我们将石头扔到地上时能事先知道其坠落轨迹一样。

　　当然，相比自然法则，心灵世界是截然不同的领域，我们绝对不可能如同预言石头的坠落轨迹一样去预测心灵的任何活动，原因是心灵中一直存在着一个始终处于变动状态的目标。不过可以说，倘若一个人拥有了这样一个确定的目标，那么其任何一个心理倾向均会在某种强迫性力量的驱使下自觉地去追求此目标，这就如同此人在无形中受到一条自然法则的支配、指引一样。

我们可以肯定的是，这个世界上的确存在着某种可以支配心灵的法则，不过那均是一些人为的法则。若是有人声称自己可以拿出充分的证据来证明存在着绝对客观的心灵法则，那么此人必定是被表面现象蒙蔽了。

换言之，当一个人确信环境拥有决定作用且不可改变，那么就能说明此人是在自欺欺人。举个例子说明，倘若一位画家声称自己打算画一幅伟大的画，那么大家顺理成章地会认为其一切行动和表现均应围绕此目标，认为其将采取一系列必要的行动，而任何行动最终一定会为实现画画这一目标而服务。当然，大家如此考虑也是情有可原的，原因在于整个过程是那么顺理成章，就如同自然规律一样。不过，问题是，他真的可以画出这样的一幅画吗？

自然界和心灵世界均拥有其独特的法则，但自然界的法则和心灵的法则存在着本质上的区别。这一点相当重要，任何和自由意志相关的问题均要遵循这一原则。如今，人们已经就一个问题达成了普遍共识，即人的意志并非自由的。事实也的确是这样，倘若人的意志纠缠或限定于某个目标上，那么其行动必定会受到束缚。人和宇宙、自然以及社会之间的关系相当密切，如果这一点得到确证，无疑会对目标发挥决定性作用。既然如此，那么心灵就会给人一种受制于某些严格的法则的感觉。不过，若一个人否认自己与社会存在任何关系，并且坚决地站在社会的对立面，或者于现实人生的做法或提议均持反对态度，那么于此人而言，任何这些看上去好像真实存在的法则都会失效，相反，由其新目标所决定的新法则则会取而代之。

同样，当一个人在生活中迷失了方向时，当他打算将自己和同类的感情切断时，那么他就不会再受社会生活的普遍法则约束了。总之，我们由此可以得出一个确定无疑的结论，即一旦确立了一定的目标，其相应的心灵活动就会随之出现。

反过来说，完全存在根据一个人当前的行为而将其目标推断出来的可能性。这样做相当有意义，原因在于对自己的目标了如指掌的人实在是少之又少；而且，就专业技术角度而言，倘若想对此类人深入地了解，必须要采用依据其行为推断目标的做法，而且这是所必需的程序。当然，这是一件相当困难的事情，原因就在于一个人的某种行为会蕴含相当多的意义。

不过，我们倒是有一个比较有效的办法，即撷取此人的许多行为用图表的形式进行比较，例如先将此人的某一种态度确定下来，然后再将符合这一态度的两种行为找出来，接下来围绕两个点分别标示这两种行为，将这两个点连接起来之后，时间上的差异就会借助于曲线的形式呈现出来。借助于这一方法，我们可以对一个人的人生获得直观的整体性认识，进而更加深入地了解此人。

一个人成年后的生活方式和其儿时的生活方式是一脉相承的关系，那么如何找出二者之间的联系呢？为了说明此问题，我们接下来会用一个例子来说明。一位性格极具攻击性的三十岁男子，其人格发展方面的一些障碍并不曾影响其事业的发展，相反，其事业发展成绩斐然。后来，此人因极度抑郁而前来就诊。他抱怨自己无法专注地工作，更是失去了生活的乐趣。他还声称尽管自己订婚了，不过对将来的生活依然没有丝毫的信心。除此之外，他的嫉妒心相当强，而这不仅让他备受煎熬，也造成他与未婚妻的关系濒临破裂。可事实是，他的嫉妒均是无缘无故的，因为其未婚妻在他人眼里是完美无瑕的。于是，结果就是，造成他对未婚妻强烈怀疑的问题其实源于其自身。

我们在生活中或许经常会遇到此类人，他们在与他人接触的过程中，倘若发现自己被对方深深地吸引住了，就会对对方采取一种攻击性态度，进而导致他曾企图建立的良好关系破灭。而这一男子就是此类人。

现在我们就按照此前所讲过的方法来将此人的生活方式图表绘制出来，具体步骤为：将其人生中的一件事情找出来，与此同时设法将其当前的态度和这件事联系起来。根据我们的经验，在这种情况下，我们要找的那件事情可以根据此人最早的童年记忆获得，不过我们也必须承认，对于童年记忆到底存在怎样的价值是无法说清楚的。而这位男子最早的童年记忆是这样的：年仅四岁的他与母亲、弟弟三人来到一个市场。那里拥挤不堪，乱糟糟的，无奈之下，母亲只好将其抱了起来，不过很快母亲就发现自己原本想抱的是弟弟，于是将他放下，又将他弟弟抱起，结果他就被人群挤来挤去，心慌意乱，无所适从。

我们曾依据其对现状的抱怨推测出，此人无法确定自己是否受宠爱，也无法忍受他人受到宠爱；就其所讲述的童年记忆中，我们也获得了同样的性格特征的推断，这就证实了我们此前的推测。当我们向这位病人解释清楚现状和童年记忆之间的联系后，他恍然大悟，马上就清楚了自己的问题根源。

人的一切行动均会指向一个目标，而这一目标则由其从儿时的成长环境中得到的那些影响和印象所决定，即在其成长的过程中，年幼的他会因为这些影响和印象形成明确的人生态度和独特的行为方式。换句话说，即一个人想要达到的理想状态，或称之为目标，很可能在其出生后的最初数月里就已经形成了。原因在于就算是在如此年幼的时候，人的某些知觉也在发挥着作用，婴儿身上的愉悦和不适的反应会因为这些知觉而被唤起；这时，虽然婴儿在表达其自身意志的时候是以最原始的方式进行的，但其心灵已经开始行动起来。

简言之，即当一个人尚处于婴儿阶段，那些影响其心灵的基本要素实际上就已经确定下来了；无论其以后会受到何种影响，无论其生活方式发生怎样的变化，这些基本要素均恒定不变。

一些研究者确信，早在婴儿期，成年人的主要性格特征就已经彰显。这种看法是正确的，不过，正是因为这样，人们才会错误地认为性格得自遗传。那种认为人的性格得自父母遗传的观念可以说是有百害而无一利的，因为它会让教育工作者丧失信心，进而对教育事业造成相当恶劣的影响。实际上，这种性格得自遗传的说法之所以被一些人接受，存在着一个极其重要的原因，那就是，他们可以用这种说法来为学生教育的失败找借口，从而轻描淡写地让遗传承担了学生失败的责任，而教育者本人则无须承担任何责任。可以说，这种观点明显与教育宗旨背道而驰。

在一个人确立其目标的过程中，社会会对其目标的确立产生极大的影响。一般情况下，社会会在儿童内心建立起不同种类的限制，于是儿童得以在各种限制中不断摸索前进，最终找到理想状态。这种状态一方面可以保证儿童本人的安全，另一方面可以让其具备足够的能力去适应人生。在现实生活中，于儿童而言，到底多大程度的安全才可以称之为真正的安全，其实他们自己是心知肚明的。我们在此所说的安全并非一般意义上的远离危险，而是指含义更为广泛的安全系数，也就是可以保证其在最有利的环境中生存下去。在儿童看来，此安全系数要远超其应付日常生活以及顺利成长所需要的安全。于是，其心灵就会产生支配他人、比他人优越的倾向，而这是一项新的活动。

和成年人一样，儿童也存在着将一切对手远远地抛之身后的想法。正是由于优越感可以为他们带来安全感，可以证明他们拥有充分的适应能力，因此他们为了获取优越感而极尽其所能，并在安全感和适应能力的驱使下早早为自己设定好目标。正是由于内心存在这种强烈的追求，于是其心灵深处就会自然地涌出一股不安定的情绪，而这种情绪则伴随着时间的流逝日渐强烈。

让我们来做一个假设：当下出现了某种紧急情况，为此儿童要马上做出明确的反应。在这样的紧要关头，如果儿童对自己可以克服困难失去了信心，他就会竭力逃避困难，为自己找出各种各样的借口以辩解，而事实上，这种做法正好将其对成就和优越的潜在渴求表现得淋漓尽致。从此之后，一旦遇到此类情形，他们就会避重就轻，不去直面困难。此类人在困难面前的表现大都是畏缩不前，或者是极尽所能地逃避困难，而他们这样做的原因就是出于暂时逃避人生对其提出的种种要求的目的。

我们在这里要格外强调一点，人类心灵的诸多反应并非绝对的或最终定型的反应。换言之，心灵的所有反应的有效性均是暂时的，属于不完全的反应，因此我们绝不能认为这就是无可更改的最终的答案。尤其是在儿童的心灵成长阶段，倘若我们略加观察就会发现，儿童的心思和情绪变化得相当快，这说明其一切反应仅仅是临时将其所设想的目标具体化。由此可见，对于儿童的心灵，我们切不可用成年人的标准来衡量。我们对于儿童的心灵成长，务必要立足长远，审慎地看待其倾尽全力希望达到的那个目标，绝不可以将其当下的表现看得过于绝对化。

若我们可以将心比心地去理解儿童，那么就一定可以认识到以下现象：儿童会出于适应生活的目的，为自己树立一个理想，且其任何行为均围绕这一理想的实现而展开。因此可以说，倘若想了解儿童的行为动机，我们就一定要换位思考，站在儿童的角度，以儿童的视角来看问题。

第二章

心灵活动的社会性

倘若想深入了解一个人的思想，就要先了解其与同伴之间的关系。一般来说，主要有两种因素制约着人与人之间的关系：一种因素是宇宙的自然属性，人与人之间的关系在此因素的影响下极易发生变化；另一种因素是那些恒定不变的制度或习俗，像社会规律或国家的政治制度等，如果我们不弄清楚这些社会关系，我们便无法了解一个人的心灵活动。

一、绝对真理

由于人的心灵要去解决其面对的诸多不同类型的问题，因此它是不可能随心所欲、漫无目地活动的，而这就决定了其活动的轨迹。倘若打算解决这些问题，心灵就一定要考虑到社会规律。所以说，个人活动一定会受到社会的影响，而个人却极少对社会产生影响，就算是他对社会造成了影响，那也仅仅是在有限的范围之内罢了。

不过，就算是这样，我们也无法将社会的现状当作永恒不变的终极状态，原因就在于它的纷繁复杂，它的易变性。因此，倘若打算对一个人的内心隐秘彻底了解，那么就不能不考虑社会生活对人类的影响。否则任何企图了解心灵活动的想法，均是无法实现的。

面对这一困境，我们所能采取的对策就是将社会制度当作这个世界上的一个绝对真理，并且在内心深处认定，倘若我们持之以恒地解决因人类有限的能力以及不完善的制度所造成的诸多问题，我们就可以逐渐接近这一绝对真理。

除此之外，我们还要注意一个问题，那就是马克思和恩格斯曾经详细论述过的社会的物质层面。马克思和恩格斯认为，"经济基础决定着唯心的、符合逻辑的上层建筑，即人类赖以为生的东西决定着人们的思想和行为"。实际上，就某种程度而言，我们所说的"人类社会制度"和"绝对真理"是一致的。

不过，依据从前的经验，以及对个体心理学（即个体生命）的深入研究，我们发现，身处某种经济状况的压力，大多数人会下意识地做出一些短视的错误反应；而在他企图将这种经济状况摆脱的过程中，他极可能会因为一步错步步错而导致局面陷入不可收拾的地步。可以肯定的一点是，在我们努力向社会制度靠近的过程中，我们一定会遇到无数此类情况。

二、社会生活的必要性

社会生活拥有其约定俗成的一套规范，于人类而言，这套规范具有一定的约束力，因此我们必须正视它，这就如同我们必须正视气候规律一样。例如，一旦天气转凉，我们出于御寒保暖的目的，就会采取筑房造屋等措施。一般情况下，社会规范体现为多种类型的制度和习俗，我们的思想和行为方式始终都在这些制度和习俗的影响和制约之下。正是出于这一原因，我们的生活首先会受宇宙、自然的影响；其次还要受到人类社会制度的制约，以及各种约定俗成的社会规范的制约。总之，人与人之间的任何关系均受限于社会的需要。

换言之，个人的生活是位于社会生活之后发展起来的。在人类文明发展史上，不存在任何个人彻底脱离人类社会而独自生存的状况。对于这一点是比较容易理解的，这是因为在动物界普遍存在着以下基本法则：任何物种一旦存在个体成员缺乏自我保护能力，就会出于让自己变得强大的目的，必定会借助于群居的方式将力量聚集起来。正是由于存在这种群居的本能，人类才发展出一个用以抵御严酷环境的重要工具，即深受社会生活影响的心灵。

早在很久以前，达尔文就注意到了一个现象，那就是所有弱小的动物必定是群居生活的。可以确定的是，由于人类的身体不曾强大到可以支撑其独自生活，因此人也属于弱小的一族。在大自然面前，人是那么渺小，所以出于在地球上生存下去的目的，人就一定要借助于各种手工制造的器械以弥补其身体脆弱这一缺陷。试想，当一个人孤身居住在原始森林的时候，不拥有任何先进工具，那么他会面对怎样的境况呢？这时，其生存能力必定比不上其他生物：他不具备其他动物的速度和力量，不具备肉食动物的利齿和敏锐的听觉与视力，而这些均是在自然界中生存下去的必不可少的条件。所以，人类才需要借助大量的装备以保障自己的生存安全，无论是其身体，还是其人格以及生活方式，均需要得到全面而有力的保护。

现在大家理应明白人只有在有利的环境中才可以生存下去的原因了吧？我们的社会恰好可以为人类的生存创造出有利环境。可以说，社会生活是人类的必需品，一个人只有借助于合作和劳动分工才可以成为集体的一分子，而人类也才得以生生不息地繁衍下去。以劳动分工为例，就其本质而言，它意味着文明和进步，这可以让人类生产出各种工具，用以进攻和防御。而这些工具恰好可以帮助人类获取一切所需之物。人类只有在学会劳动分工之后，才会懂得怎样保护自己。总之，人类倘若想得以繁衍，那么社会生活就是其最佳的保障！

三、安全与适应

综上所述，我们可以得出如下结论：从自然界的角度来看，人仅能称之为一种低等生物。自卑感和不安全感始终萦绕于人的意识之中。由于受到自卑感和不安全感的刺激，人类每时每刻都在思考怎样发掘一种可以让自己适应大自然的更好的方法和技能，怎样才可以找到一种把生命中的不利因素剔除或减至最低的处境。如此一来，出于提高适应能力和增加安全感的需要，心灵就顺势而生了。当然，可以提高适应能力的方法相当多，比如让自己的身体上生长出硬角、利爪或利齿等防御性武器。

不过，此类方法不但无法让人类脱离原始的半人半兽状态，反而极易令人性处于停滞不前的地步。在这种情况下，心灵是唯一可以有效解决问题的工具，也是唯一可以弥补人类身体不够强大这一缺憾的工具。这是由于人的心灵深处始终涌动着一种不安感，而人类因为这种感觉的激励而发展出了预见和预防的能力，从而让人类的心灵发展成如今这样一个会思考、会感知、会行动的有机体。以欲望或愿望这一倾向而言，当一个人有了不足感的时候，他就会产生"想要"的愿望以弥补不足，以获得完美的满足感。不过至于"想要做什么"，则代表着不但感觉到了这种倾向还产生了愿望，而且开始付诸行动。所以说，所有的主动行为均是由于不足感造成的，其目的是为了达到一种满足、恬静、完满的状态。

既然社会在人类的适应过程中起着决定性的作用，那么心灵这一有机体从最初的时候就会受到社会生活的影响。可以说，心灵的任何能力均是在社会生活规律的基础上发展起来的。既然社会生活规律具有普遍适用性（因为只有普遍适用的，才可以称之为规律），那么可以确定的是，倘若想预见人类的心灵发展趋向，那就一定要弄清楚社会生活规律的来龙去脉。

清晰、流畅的语言是社会生活的一个重要工具。可以说，语言是将人与其他动物区别开来的一个奇迹。显而易见，这一现象是适应社会生活的要求而产生的，是根植于社会生活之上的，同样也具有普遍适用性。因此，一个离群索居之人是压根儿不需要语言的。作为社会生活的产物，语言是社会成员之间联系的纽带。此点在某些人身上表现得格外突出。这些人在生活中极少，甚至压根儿不与其他人接触，他们中的有些人是出于个人原因而试图将和社会的联系切断，有些人则是因为环境所迫而不得不与社会切断联系。不管是出于何种原因，此类人在语言表达方面均存在一定程度的缺陷或障碍，因此在学习外语的时候就表现得格外笨拙。由此可见，语言倘若要产生和保留下来，唯有与他人保持联系和交流才可以。

语言在人类心灵的发展过程中具有特别重要的价值。它是逻辑思维的前提，我们唯有借助于语言才可以建立起概念并理解价值观之间的差异；而概念的形成也一定会牵涉到整个人类社会。换言之，我们的思想和情感倘若想被理解，就一定要具备普遍适用性。例如，我们在看到美丽的事物时会感到欣喜愉悦，就是由于人类在美的认知、理解以及感受等方面已经达成了某种共识，或者说人类已经形成了一种基本的审美原则。由此可见，思维和概念也如同理性、知性、逻辑、伦理和美学一样，是源于人类的社会生活，同时又将那些社会成员们紧紧地联系在一起。

四、社会感

讲到此处，我们或许就可以获得如下结论：社会生活对任何一项有助于确保人类生存的规则，如律法、图腾和禁忌、信仰、教育等均会予以制约，换言之，这些规则一定要合乎社会生活规范。在此之前，我们曾以宗教为例对此观点进行探讨，并且也得出了相同的结论，那就是不管是从个人的角度而言，还是从团体的角度而言，于心灵而言，适应社会生活均是最重要的一项任务。

我们通常所说的公正与正直，以及我们视之为人类性格中最有价值的那些东西，实际上均是人类社会所需要的品质。可以说，人类的心灵受到社会生活的诸多限制，进而被塑造，从而在其指引下从事一切活动；而责任感、忠诚、坦率、热爱真理等这样的美德得以形成并保留了下来的原因，也是由于其符合社会生活的普遍适用原则。由此可见，我们仅能从社会的角度判定某种性格的好坏，原因是一个人的性格与科学、政治或艺术领域的任何成就一样，均在证明其具有普遍意义之后方能引起人们的注意。

换言之，一个人的社会价值是衡量一个人的标准。当我们在评价一个人时，总会用一个理想化的标准来对其进行衡量。这个理想化的标准形象理应是这样的：可以以有益于全社会的方式来克服其面临的任何困难，可以将其社会感发挥到一定的高度。借用福特·缪勒的话来说，这个人就是一个遵循社会法则玩转人生的人。在接下来的讨论中，我们将会更加深入地认识到这一真理，那就是，倘若一个人不能用心培养自己和他人的关系，那么这个人是无法成长为一个合格的人的。

第三章

我们生活的世界

一、怎样认识世界

我们的心灵出于适应周围环境的目的，会发展出从外界接受印象的能力。除此之外，心灵会为了追求一个明确的目标而对周围的环境产生一定程度的理解，并且早在婴幼儿时期它就会慢慢形成一种理想的行为模式。虽然我们至今还不能找到一个明确而恰当的术语将心灵的这些表现表达出来，但它的存在不会因此受到影响，而且我们一直认为心灵存在这种表现的根本原因就在于人类的内心始终存在着一种无力感。可以说，心灵要从事各种类型的活动，前提就是要在内心确立一个目标。我们知道，倘若想确立一个目标，那么首先就要具备应付变化的能力以及一定的自由行动能力；而自由行动能力一定会令心灵丰富，这是一种不可低估的价值。

当婴幼儿首次从地上站立起来的时候，他就进入了一个全新的世界，而就在那一瞬间，他也会感觉到周围暗藏着的不计其数的敌意和危险。在最初开始尝试行动，尤其是刚开始学步的时候，婴幼儿会经历诸多类型的困难，他们极可能因为这些困难而增强对未来的信心，也极可能会因为这些困难而受到打击。于我们成人看来，有些事情是习以为常或微不足道的，不过它们却会对儿童的心灵产生极大的影响，并进而塑造其世界观。通常情况下，那些发育迟缓或体弱多病的儿童在其内心深处极易产生自卑感和障碍感。例如，如果儿童天生存在眼睛缺陷，那么他就会更想就视觉方面来理解整个世界；如果他存在听觉方面的缺陷，那么他极可能会对某些听上去令人愉悦的声音表现出浓厚的兴趣，他极可能会成为"音乐爱好者"。

儿童在接触并了解世界的过程中，会将自身的一切官能调动起来，而其中最重要的就是感觉器官，可以说儿童与世界的基本关系是由感觉器官决定的。须知，感觉器官帮助人形成世界观，而眼睛则是感觉器官中最重要的，原因在于我们是借助于眼睛来观察世界的，倘若我们将双眼睁开，我们任何人均会注意眼前的一切，如此一来，我们就会让视觉印象成为人生经验的主要来源。可以说，周围世界的视觉印象对我们有着无可比拟的重要性，原因在于相比耳、鼻、舌、皮肤等其他感觉器官仅能感受瞬间或短暂的刺激，视觉印象通常比较深刻、持久。不过凡事都有例外，在某些人身上，或许耳朵会成为其主导的感觉器官，这类人更多的是借助于听觉来获取不同的信息和印象，因此其心灵明显属于听觉型。

通常的情况下，儿童均是借助于特别关注的某一器官或机体系统（无论是感觉器官还是运动器官）来接触世界的，倘若不是这样，他们很可能无法生存下去。儿童会借助于自己比较敏感的器官从外界搜集信息，然后再依据这些印象形成对世界的整体认识。由此可知，倘若弄清楚一个人是运用何种器官或机体系统来探索世界，那么我们就会对此人有更深入的了解，原因是这一器官对此人与外界的任何关系均施加影响；除此之外，倘若清楚一个人的器官缺陷对其儿时的世界观以及后来的发展所造成的影响，那么我们就更容易理解此人的行动和反应背后的意图。

二、形成世界观的要素

我们任何人于心灵深处均存在着一个终极目标，此目标一方面决定了我们的所有行动，一方面影响着我们对心理认知能力的选择和心理认知能力的强度。我们要对这个世界形成一定的认识，那就要具备一定的心理认知能力；换言之，我们拥有怎样的心理认知能力，我们就会形成怎样的世界观。这就是我们任何人所体验到的仅仅是生命的某一特定环节，或是一件事情的某一特定片段的原因，或者事实上仅是我们生活于其中的整个世界的某一特定部分的原因。既然人人关注的均为合乎自己目标的东西，那么，倘若我们无法透彻地了解一个人内心深处的那个目标，就无法真正理解其行为；倘若我们无法明白其一举一动均在此目标的深刻影响下，我们也就无法对其行为做出全面而公允的评价。

1.知觉

感觉器官将外部世界的印象和刺激传送到大脑，并在大脑里留下一些记忆痕迹。于是在这些痕迹的基础上，想象和记忆的世界得以建立起来。不过我们绝不能把知觉和照片相提并论，原因在于知觉必定会带上感知者个人的独特品质。一个人所感知到的东西并不是他看到的一切。纵然面对同一景观，每个人的反应不会完全相同；如果要问其对所看到的东西的感想，他们必定会给出截然不同的答案。

知觉并非一定要和现实完全契合，我们人人均具备足够的能力调整自己和外部世界的诸多联系，让其与自己的生活模式相符合。可以说，一个人的个性和独特性就在于其感知到了什么以及感知的方式。总而言之，知觉不只是一种简单的生理现象，它还是一种心理认知能力。借助于对这种心理认知能力的观察分析，我们从而得以深入而广泛地透视一个人的内心世界。

2.记忆

具备了一定的感知之后，心灵还务必要从事一系列的活动。实际上，心灵的活动均与人的自由运动能力相伴，其按照自由运动的目标和目的来从事各种活动。换言之，人的心灵是一个适应性调节器官，它一定要收集并整理得自外部环境的诸多刺激和信息，还一定要协调统筹一切官能的发展，而人倘若打算妥善地保护自己，倘若打算安然地生存下去，那么此类官能均发挥着不可或缺的重要作用。

众所周知，我们所有人均在对待人生各种问题时拥有自己独特的反应，而我们的心灵中必然会存留这些反应的痕迹。人类需要适应周围环境，我们的心灵因此一定具备着记忆功能和评估功能。倘若失去记忆，我们就无法做到防患于未然。于是我们由此推断出以下结论：所有记忆背后均蕴含着一个潜意识目的，它并非偶然现象，其具有明显的意图，并非鼓励人们继续如此走下去，而是提醒人们要吸取教训，以免重蹈覆辙。所以，想有效评估某个记忆的价值，就一定要弄清楚此记忆背后蕴含的目标和目的。

3.想象

幻想和想象的内容可以最为清晰地将一个人独特的个性表现出来。我们所说的想象是指引发感知的对象不在场时所产生的知觉再现。换言之，想象是复制出来的知觉，这再次证实了心灵的创造力。想象的产物不只是知觉的再现（知觉本身就是由心灵创造出来的），它也是一种于知觉基础建立起来的全新而独特的产物，就好像知觉的产生是建立在身体感觉的基础上一样。

就内容的清晰度而言，幻想远胜于常见的想象。幻想出来的场景特别鲜明，它不但拥有想象的价值，而且还会对个体的行为造成影响，就如同原本不存在的刺激物好像真的存在一样。倘若幻想显得如同由某个实际存在的事物刺激出来的，我们就用"幻觉"称呼它。幻觉产生的条件和幻想性白日梦形成的条件是一样的。任何幻觉均是心灵的艺术创作，均来自具体幻想者的目标和目的。关于此点，我们可以用例子来说明。

某个聪慧的年轻女子不顾父母的反对与某男子结了婚，父母为此极为恼火，甚至与其断绝了一切来往。不过随着时间的流逝，她开始深信父母对她不好，而因为双方的骄傲和固执，让他们在诸多重归于好的尝试中失败。这个姑娘来自受人尊敬的富裕家庭，婚后却陷入了相当穷困的窘境。不过从表面上看，她的婚姻生活并不曾表现出任何不幸的迹象。后来，倘若不是她生活中出现了一个离奇的现象，人们还认为她早已经适应这种窘境了呢。

这个姑娘由于打小就是父亲的掌上明珠，因此父女关系相当亲密。也许正是由于这一原因，他们后来的决裂才更加彻底。因为她的婚姻，父亲对她相当不好，父女之间产生了极深的裂痕，甚至在她的孩子出生时，父母都没心软，不曾去探望她和孩子。于是，这个姑娘对父母的冷酷态度记恨在心，由于她是一个心高气傲之人，而恰好在其最需要关心照顾的时候，父母却和从前一样冷酷无情，为此她被触到了痛处，伤了心。

要注意的一点是，这个姑娘追求的目标彻底支配着其情绪，而我们正是借助于这种性格特征洞悉她和双亲的决裂之所以对其产生深刻影响的原因。她母亲是一个拥有相当多优良品格的严格而正直的人，不过她对女儿却相当严厉。她知道怎样才能做到既服从于丈夫（至少从表面上看是这样的），又保持自己的地位。实际上，她对于让人们注意到自己的恭顺感到相当自豪，且将其当作自己的一种荣耀。在这个家庭中还有一个儿子，人皆认为其酷似其父，长大后必定会子承父业。于是这个儿子相比女儿，理所当然地获得了更多的关注，而女儿则因此被激起了强烈的追求欲望。最终这个原本在父母的呵护下长大的女儿，婚后却过着艰难穷困的生活，于是她经常想起父母对她的不好之处，进而令其对父母的不满与日俱增。

某天夜里，在这个女儿入睡前，门被推开了，一个和她长相相似的幻象走了进来，来到她的床前，对她说："我是如此爱你，因此我不想让你毫无思想准备，一定要告诉你，你会于十二月中旬走向死亡。"

她并没有被幻象吓得惊慌失措，不过还是将其丈夫叫醒，并将幻象的内容告诉了他。次日，她去找医生，又将此事告诉了对方。显而易见，这不过是一个幻觉，但这位女儿固执地认为这件事是真实的。猛然看上去，这种现象好像让人觉得不可思议，但倘若我们运用科学知识来分析，那么这一切就相当容易理解了。事实是这样的：这位女儿是一个相当有追求的年轻女子，并且据我们观察发现，她对于掌控他人情有独钟。在和父母决裂之后，她发现自己的生活特别贫困。十二月中旬是一个特殊的日子，每年的此时，人们经常会轻易地想起与自己关系较近的亲属，大多数人会心怀愉悦地彼此亲近，互赠礼物，等等。也正是在这一特殊的时刻，那些破裂的关系存在着极大的重修旧好的机会。这样一来我们就可以轻松地理解，于这个女儿而言，这个特殊的日子和她所处的窘境之间的密切联系了。

此幻觉中让人感到奇怪的唯一之处在于，幻象之所以到来仅是为了将这位女儿的死期通知她，这是一个坏消息，而她却在讲给丈夫听的时候充满了兴奋之情。结果幻象的预言没过多久就由其家庭这个小圈子向四周扩散出去，次日她的母亲也知道了这件事，于是这位女儿得偿所愿，其亲生母亲来看望她了。

几天后，幻象又一次来到了她的身边，将相同的内容告诉了她。当我们询问她与母亲会面的结果怎样时，这位女儿说自己的母亲坚持否认自己是错的。于是，她开始老调重弹、故技重演，其目的就在于要满足自己支配母亲的欲望。

由此我们获得如下结论：当人身处巨大的精神压力的时候，尤其是压力最大之时，当人害怕目标无法实现时，都极易产生幻觉。可以肯定的是，这种幻觉相对于比较落后的地区以及在遥远的过去，其影响力是惊人的。

众所周知，关于幻象，游记里有着相当多的描述，其中"海市蜃楼"就是一个极好的例子：又饥又渴且筋疲力尽的旅行者于沙漠中孤独前行，迷路后就看见了海市蜃楼。我们都清楚，当生命面临危险时，人们会因为压力而凭借想象力让自己身处一个明朗的、令人精神振作的情境，以此逃避环境给自己带来的痛苦的压力。所以不妨这样说，海市蜃楼实际上代表了一种新的情境，它可以让筋疲力尽者获得鼓舞，可以让优柔寡断者痛下决心，还可以让旅行者变得更加坚强；另一方面，它又如同一味镇痛药或麻醉剂，可以让人将恐惧所带来的痛苦忘却。

　　于我们而言，幻觉并不是什么新鲜事物，原因是我们早已于知觉、记忆机制以及想象中看到过类似的现象。我们会在以后针对梦境的讨论过程中看到与此相同的东西。简言之，倘若一个人更多地发挥想象力，消除高级神经中枢的判别功能，那么此人就极易引发幻觉。在身处危险之中无计可施，在个人的力量受到威胁的压力下，人就会尽力借助于幻觉来消除并克服自己的软弱感。当人承受的压力越大，其批判能力的反思就越少。在如此境况中，那些本着"全力自救"观念的人就会将自己全部的精神力量调动起来，从而让自己的想象转化为幻觉。

　　错觉和幻觉特别近似，二者的不同之处在于，前者和外部世界之间还保持着某些联系，虽然这种联系如同歌德的《浮士德》中所描述的那样被曲解了。不过此二者的基本情境以及其所蕴含的精神危机，则是一模一样的。

　　下面让我们再举一个例子来进行说明，从而让我们清楚心灵的创造力是如何在需要的时候将错觉或幻觉制造出来的。一个男子出身于优秀的家庭，不过因为学习不好最终未成大器，仅做了一个普通的小职员。他将所有出人头地的希望都放弃了，内心充满了绝望感，当然他也因为朋友的责备而加大了精神压力。在这样的情形下，他开始酗酒，并让自己长期身处其中，因为他发现这样做可以为自己的失败找到一个极好的借口。没过多久，他就患上了震颤性谵妄症，被送进了医院。谵妄和幻觉之间存在着极大的相同之处，但谵妄是因为酒精中毒而引起的，身处这种状态中，患者会发现眼前经常会出现老鼠、昆虫或蛇之类的小动物，当然也会出现和患者职业相关的某些幻觉。

此男子的主治医生们对于他的酗酒行为持否定态度，于是他们对其进行了严格的治疗，从而让他彻底戒了酒。病愈出院后，这个男子在三年中滴酒不沾。不过最近他又住了院，原因是增加了新的病情。他声称自己时常可以看见一个人眼睛斜睨、嬉皮笑脸地监视他的工作（如今他的工作是钟点工）。有一次他因为这个人的嘲笑而特别生气，进而抓起铁锹向对方掷去，打算看看这个人到底是人还是幽灵。结果那是一个幽灵，他动作轻快地将飞来的铁锹躲开的同时，竟然向他扑了过来，将他狠狠地揍了一顿。

关于这一病例，我们无法再将其称为幽灵了，原因是那个所谓的幻觉竟然可以对人拳脚相加。其实这相当容易理解。尽管他习惯于产生幻觉，不过此次他却将真人当作了幻象。这就清楚地说明，虽然他将酒瘾戒掉了，但出院后情绪更加消沉。他不仅丢了工作，而且被逐出了家门，如今只能靠做钟点工来维持生活，而在他本人和朋友的眼里，钟点工是一份最低贱的工作，结果他因此加重了精神压力。除此之外，虽然他成功地戒了酒，不过他却因为失去了酒的慰藉变得更加可悲。不管怎样，酗酒好歹可以让他做着原先的工作，一旦家里人指责其一事无成，他还可以用自己是个酒鬼来逃避指责。在他看来，相比承认自己缺少工作能力，这个借口总算是光彩一些。病愈后他就再次面对现实，而他所承受的压力相比从前并不曾减少。倘若他如今又成为失败者，他就无法找到安慰自己的东西了——从前他至少还可以让酒成为借口，而如今则无任何借口了。

当他身处精神危机时，幻觉就再次出现了。他认为自己和从前一样，仍旧用酒鬼的目光看世界，并且相当明确地表示，酗酒毁掉了自己的一生，进而到了现在无可挽回的地步。他不打算再从事当下这个既不体面又令人讨厌的工作，又不打算主动放弃这一工作，进而想用生病的借口放弃工作。于是在前面所提到的幻觉持续了相当长的一段时间之后，他再次成为医院的病人。他努力打算为自己找到一个获得宽慰的借口，于是幻觉就在这种急切心情的驱使下产生了：他受到了那个人的嘲笑，而在此过程中，他借助于幻觉保全了自己的自尊心。

三、幻想

作为心灵的另一种创造性机能，我们在此所描述的诸多现象中，均可以发现这一活动的踪迹。就像某些可以清晰地印在意识中的记忆或是打造出那些奇异的上层建筑的想象力一样，幻想和白日梦一样被当作心灵创造性活动的一部分。预见和预先判断是构成幻想的重要因素，也是一切运动着的生物一定要具备的基本能力。幻想和人的运动性存在着相关性，不过就本质而言，它是一种预见的方法。无论是儿童还是成人，其幻想均被称之以"白日梦"，因为幻想总与未来有关，其目的在于借助于虚构的方式将"空中楼阁"建立起来，然后再把它当作现实活动的榜样。

针对儿童幻想方面的研究清楚地表明，在儿童的幻想中，对权力的追求是其中最主要的角色。个人所追求的目标始终充斥于儿童的白日梦中，他们在描述自己的幻想时，绝大多数均是以"我长大之后……"之类的话语开头的。相当多的成人在生活中表现得如同不曾长大一样，那么于其而言，对权力的追求也必定会成为人生的重心。我们由此可以再次发现，心灵要得以发展，就要确定某个目标。个体一定不会永远将目标设定得极其平庸，原因是人类的社会生活一直需要人们坚持进行自我测评，而这种自我测评必定会激发出人追求优越性并在竞争中获胜的强烈愿望来。

我们在这里肯定不可能做到一概而论，原因在于倘若想为幻想的程度或想象的范围设置各种条件并进行限制是不可能的。在此之前我们所说的情形在绝大多数情形下是有效的，不过有可能对某些情形并不适用。那些总是以挑衅的目光对待人生的儿童，其幻想能力会获得较高程度的发展，原因就在于他们受到了好斗态度的影响，为此小心谨慎，时时提防，让自己一直承受着巨大的压力。而那些认为人生并不完全如人意的柔弱儿童，他们也会发展出相当丰富的想象力，并且容易沉醉于幻想之中；在某一个成长阶段，他们会让幻想成为其逃避现实人生的一种手段。有时候，幻想也会被用于对现实进行谴责批判。在这样的情形下，它就会成为一种对个人能力的陶醉，个体可以凭借想象这一虚构手段，让自己凌驾于平庸生活之上。

当然，那种在追求权力的过程中所产生的社会感也会于幻想世界中承担着重要的角色。在儿童的幻想中，其对权力的追求通常会以在社会性事务中展示自己的力量的形式表现出来。在某些幻想中，这一特征表现得相当清楚，例如，将自己想象成救世主或强健的骑士，或者将自己想象成征服邪恶势力或恶魔的胜利者，等等。相当多的儿童经常会想象自己不是如今这个家庭的一员，并对于自己属于另外一个家庭的"事实"深信不疑，他们相信终有一天，自己的亲生父亲、某位大人物会来将其接走。倘若儿童存在极深的自卑感，且经常有被剥夺感；倘若他们过于平常，不能引人注目；或者他们由家庭中获得的关爱和温暖无法令其满足，那么他们就极易产生此类幻想。

那些认为有些儿童毫无想象力的说法是错误的。实际上，或者这些儿童不想表现自己，或者存在某种原因令其不愿意把自己的幻想表露出来，或者存在一些儿童会借助于将自己的想象压制起来，以获得一种权力感。因为一定要尽力适应现实，这些儿童一般认为幻想会让自己失去男子气概或是让自己显得比较孩子气，所以他们不喜欢陷入幻想中去；更有甚者，一些儿童对这种幻想的厌恶有时会发展到极致，从而就表面来看他们好像不存在任何想象力。

四、梦的概说

除了此前描述的白日梦，我们还需要对睡眠中所发生的重要且有意义的活动进行研究。这一活动就是睡梦。人们常说，日有所思，夜有所梦。那些经验丰富的心理学家大都认可这种看法：借助于一个人的梦境可以相当轻松地发现其性格特征。实际上，梦自始至终就是人类思想的重要组成部分。与做白日梦一样，规划、设计未来生活，并将之导向安全之境也是人在睡梦中所关注的内容；二者之间最明显的区别是，白日梦相对容易理解，而睡梦则无法用三言两语进行解释。睡梦之所以难以解释是相当正常的，我们可以由此事实获得许多的暗示：睡梦是多余而毫无意义的。不过我们暂且可以这样说，对于那些企图克服困难并保住自己未来地位的个体而言，其对权力的追求会于睡梦中得以显现。既然这样，那么我们就可以借助于睡梦理解精神方面的问题。

五、移情与认同

心灵不仅可以感知现实中真实存在的事物，而且还可以感知并预测还未发生的事情。这种能力对于增强可自由运动之生物所必需的预见功能相当有益，原因是此类生物会一直遭遇调节适应的问题。我们以认同或移情来称呼这种能力。在人类的身上，认同或移情不但发展得相当好，而且分布相当广泛，可以说它遍布于人类精神生活的角落。认同或移情存在的前提条件就是预见能力的必要性。倘若我们需要预见、预先判断或预测自己在将要出现的某一特定情境中采取的行为，那么就一定要学会利用我们的思想、感觉和知觉之间的交互作用，然后对这样的情境做出正确判断。这一行为的重点就在于最终要形成一个看法，如此一来我们就可以清楚到底是鼓足勇气靠近新的情境，还是加倍小心地避开它。

我们可以在人们交流的过程中找到移情。这是因为倘若人们在交流的过程中不能感同身受地认同对方，那么就无法理解对方。戏剧就是移情的艺术表现形式。除此之外，如果一个人注意到另一个人身处险境时会在内心深处产生一股莫名的不安感，这其实也是一种移情的表现。这种移情作用也许会很强烈，以至于就算是不存在危险，人们也会下意识地采取防御行为。我们都知道，当有人将杯子摔碎时，现场的人会做出怎样的反应；如果演讲者乱了方寸，无法进行下去，听众就会感到压抑、不自在。尤其在剧院里，我们更容易将自己想象成那些演员，会在心里暗暗地扮演着不同的角色。事实上，这就是一种认同能力，它让我们在行动上和感觉上认为自己好像是其他人一样，这是我们天生的社会感，在相当大的程度上，我们的生命发展依赖于它。事实上，这就是一种宇宙感，它会将我们与所在的整个宇宙的关联反映出来；同时，它还是一个人必须具备的特征，从而让我们可以感同身受地对那些我们自身之外的事物予以认同。

如同存在程度不同的社会感，移情能力也存在不同的程度。关于这一点，我们可以从儿童身上看到。比如，一些儿童对于玩具娃娃情有独钟，就如同这些娃娃是真人一样，而另一些儿童则更关注自己的内心世界。如果将人们之间的社会关系抛开，仅关注那些无任何价值或生命的东西，那么个体的发展就极可能彻底停滞下来。倘若不是彻底丧失社会感，只要对其他生物可以感同身受，那么就会令儿童虐待动物的事件消失。儿童会由于社会感和移情能力的缺失而在发展与其他人的关系时，仅关注那些价值微小或根本无意义的东西，仅考虑自己，而对他人的任何情绪漠不关心。倘若这种缺失达到严重的程度，那么个体就会彻底拒绝与他人合作。

六、催眠和暗示

一个人如何才能对另一个人的行为施加影响呢？关于这一问题，个体心理学给出这样的回答：这种现象是和精神生活相伴相生的，是其诸多表现之一。倘若人与人之间可以相互影响，那么就会存在人类公共生活，否则就无从谈起。在某些情形下，这种相互影响相当突出，像师生、亲子、夫妻之间的关系就是这样。受到社会感的影响，人会在某种程度上愿意接受环境的影响，当然这种接受影响的自愿程度与施加影响者对受影响者的权利程度有关。倘若一个人对他人施加伤害，那么他对对方的影响就不会持久。因此如果要最大限度地对某一个人施加影响，那么就一定要令其感觉到自己的权利得到了保证。这是教育学中一个相当重要的观点。或许可行的教育方式存在相当多的形式，不过采用这一观点的教育方式必定可以和人最原始的本能契合，那就是可以感觉到个人与他人、与宇宙万物之间的联系。

这种教育方式作用的丧失，仅是在遇到某个刻意要远离社会影响的人时才会发生。须知，那些远离社会影响的行为并不是偶然之间发生的，其行为的发生要经过一番长久的挣扎过程，而在挣扎过程中，个人会逐渐淡化自己和周围环境的联系，直至最终公然与社会感处于对立面。此时，任何一种形式的影响均很难对这个人施加影响，甚至无法对其施加影响。所以我们会看到此类戏剧化的场面：这个人会以抗拒和反击的方式回应试图对他施加的任何影响。

那些认为个人受到环境压制的儿童也会在教育者对其施加影响时产生抗拒情绪。不过，有时外部压力是如此强大，以至于它可以将一切障碍扫除。在这种情况下，权威影响的地位不会一直安如磐石，那么受其影响者就会继续对权威表示服从。而这种服从对社会没任何好处，甚至有时会表现得极其荒诞，以至于服从者无法适应生活。关于这一点，我们可以相当轻松地进行证明。换言之，由于这些服从者早已习惯了无条件服从，所以一旦他人不再对其进行指挥，这些人就会丧失行动能力，丧失思考能力。所以说，无条件服从会对人造成极其严重的后果，这是因为存在无条件服从的儿童会在成年后，极易听命于任何人，甚至别人让其犯罪也可以。

我们在犯罪团伙中发现了一些相当有趣的例子——无条件服从的那部分人属于执行命令的人，而团伙的头领一般会让自己远离作案现场，潜藏于幕后发号施令。差不多在一切重大的团伙犯罪案件中，我们都可以看到那些唯命是从的帮凶。可以说，这种令人盲目服从的影响力是那么深远，甚至有时发展到了让人不可思议的地步：某些人会对自己俯首帖耳、卑躬屈膝的行为感到骄傲，将其看作实现愿望的必经之路。

倘若我们可以对日常的相互影响进行研究，就会发现那些极易受影响的人均是最通情达理之人，而他们的社会感也极易受到歪曲。与之相反，那些希望自己可以高高在上、对他人予以支配的人则一般不会受到这种影响。关于这种现象，我们在生活中几乎每天都可以看到，可以说它是相当普遍的。

极少父母会抱怨自己孩子的盲目服从，相反，如果孩子不听话，他们则抱怨良多。研究表明，这类儿童生活在一个要求他们超越其他人的环境中，结果他们就会努力要冲破这道禁锢其人生的围墙。正是因为他们在家中遭受到如此错误的对待，于是学校教育的影响就极难在其身上产生作用。

追求权力的强烈程度和接受教育的可能性之间是成反比的。就算是这样，绝大多数家庭教育重点关注的还是要激发起孩子的远大抱负，从而唤醒其内心深处的豪情壮志。这类做法并非由于家长欠考虑，而是整个人类的文明中均充斥着和这种想法相似的雄心和妄想。可以说，无论是在家庭中还是在社会上，相比周围其他人，那些最受重视的人一般均表现得更加优秀、更好、更耀眼。在此后讲到虚荣时，我们还会对这种激励野心的教育方式进行论述，会论述其怎样与社会生活相背离，以及这种野心是怎样阻碍心智的发展的。

倘若一个人总是无条件服从，那么其结果就是无论周围发生什么情况，他均会受到极大的影响。其中，催眠就是此类例子之一。试想一下，让自己在短时间内服从于某人的一切奇异念头，会出现怎样的情景。催眠术就是建立在和这种现象相似的基础上的。有些人或许会声称自己愿意被催眠，实际上他们却有可能不存在绝对服从的精神准备。还有一种人或许会潜意识地抗拒催眠，而其内心深处实际上却潜藏着极度渴望顺从的天性。在催眠过程中，被催眠者的行为的唯一影响因素就是其心理态度；相反，其所说的或所相信的任何内容均处于次要地位。正是因为在这一点上缺乏清晰的认识，人们对催眠术产生了诸多误解。

就本质而言，催眠和睡眠特别相似。催眠如此神秘的原因就在于此类睡眠是发生于另一个人的指示之下的。仅能在一个人心甘情愿服从的情况下，催眠者方能对其施加指令，而且指令方能产生作用，一般来说，其中的决定性因素就是被催眠者的天性和性格。仅那些愿意听从他人命令而不调动自身判断机能的人，才可以进入催眠状态。由此可见，催眠区别于一般的睡眠之处就在于它可以令被催眠者的运动机能完全被排除，甚至其运动中枢均处于催眠者的随意支配之下。在催眠过程中，被催眠者实际上是处于一种朦胧的轻度睡眠状态，他仅能想起催眠者让其回忆的那些事。在催眠过程中，判断机能，这一心灵最精细的产物会彻底瘫痪，这是催眠最重要的一个特点。换言之，在催眠过程中，被催眠者成了催眠者的一只手，即一个听命于催眠者的工具。

有些人拥有对他人施加影响的能力，而他们中的大多人均可以将此项能力归功于自己特有的某种神秘力量。这会造成极大的危害，特别是那些懂得催眠的人极可能会因此从事某些有害的活动。这些人甚至为了达到其险恶目的，不惜采取任何手段。当然，这并非说其所做的任何事情都是建立在欺骗的基础上的。不幸的是，人是一种极易服从的动物。但凡有人摆出一副拥有特异功能的样子，一些人就会被其蛊惑。相当多的人已经习惯于对所谓权威的盲从，他们宁愿被他人愚弄、蒙骗，宁愿被他人的虚张声势给唬住，也不喜欢理性地对当前的情况审视分析。当然，人类的社会生活绝不会因为这种以某种神秘力量来蒙蔽人的行为而催生和谐的秩序；相反，这种行为仅能不断地遭到被欺骗者的反抗。

那些催眠者在施行其手段时并非总是一帆风顺，在此过程中他们时常会遇到某个人——某个所谓的被催眠者，然后会被对方设计并受骗。这种情况有时在那些企图在某人身上施行催眠术的科学家那里也会发生。

此外还存在一种真假交织在一起的奇异现象，那就是被催眠者或许是一个被骗的行骗者，就某种程度而言，他对催眠者进行了欺骗的同时，自己也服从于对方的意志。此时，产生明显作用的经常是被催眠者愿意服从的心态，而非催眠者的力量。由此可见，如果催眠者善于虚张声势、招摇撞骗，那么就会产生可以影响被催眠者的神奇力量。一切习惯于理性生活的人，一切可以自己做决定的人，一切会理性分析思考后才接受他人话语的人，是不可能被催眠的，也绝不会被通灵术蛊惑。催眠和通灵术仅会对那些无条件盲从的人发生作用。

我们在此一定要谈一谈暗示这一问题。之所以把暗示归到印象和刺激之列相当好理解，不言而喻，所有人无不长期处于环境的刺激之中，我们每个人均时刻受着外部世界那些不可胜数的印象的影响，所以仅对一种刺激产生感知是不可能的事。

除此之外，一旦感知者感知到了某个印象，他们就会持续不断地接受来自这一印象的影响。假如印象的出现形式是另一个人的要求和恳求，而此人的目的在于将他人说服，使之接受自己的观点，那么我们就将这些印象称为暗示。

暗示的作用在于令被暗示者心中已有的观点发生改变，或者使其观点更加巩固强化。真正的困难在于人们对来自外部世界的刺激所给出的反应存在着不同之处。每个人接受外部环境的影响的程度和其独立性存在着极其密切的关系，我们一定要对以下两种人格外关注：一种是对于他人的看法，不管其正确与否，均过度重视，以至于轻视了自己的观点之人，这类人极易受暗示或催眠的影响；另一种人则愿意将任何刺激或暗示当作侮辱，在他们看来，唯一正确的观点就是自己的观点，不过于他们而言，这些观点到底正确与否并不重要，他们对于别人的见解均漠然相待，置之不理。这两种人均存在缺陷。后者的缺陷在于无法接受他人的任何观点。

第四章

自卑感与追求认可

一、童年早期的情境

现在我们可以相当确切地证实以下事实：相比那些从小就享受着快乐的儿童，那些很少得到上天眷顾的儿童在对待人生问题时存在着截然不同的态度。可以说这是一条基本规律，那些存在先天性身体缺陷的儿童一出生就会陷入一场为了生存而艰苦卓绝的斗争中。他们的社会感通常会在这场斗争中被扼杀，于是他们对与他人合作毫无兴趣，而仅关心自己和自己给他人留下的印象。这种后果源于他们的身体缺陷，这造成他们对世界的敌视态度，同样，压力过大的社会或经济负担也会造成这样的后果。

事实上，这种决定性的倾向在一个人很小的时候就会被确定下来。早在两岁时，这类儿童就会产生自己为竞争所做的准备不管怎样也无法和同伴相提并论的想法。就算是在普通的游戏和娱乐活动中，他们也总会有底气不足的感觉。这是因为他们从之前的艰辛中产生了一种被忽视的感觉，于是在其急切期待的态度中，这种感觉被暴露无遗。

我们务必要牢记一点，即每一个儿童均在生活中处于劣势，倘若不是他们自家庭获得了一定程度的社会感，他们将很难独立生存下去。每当我们看到儿童的柔弱与无助，我们就会真切地体会到，自卑感在每个人的生命之初都会或多或少地存在着；任何一个儿童早晚会意识到自己无法独自应对生存的挑战。而这种自卑感会成为儿童努力奋斗的动力和起点，从而决定儿童会用哪种方式获取人生的平静和安全；同时，它也决定了儿童的生存目标，并且将其通向这一目标的前进路线设定下来。

儿童独特的身体潜能决定着其可塑性。破坏儿童可塑性的因素有两个：一个是夸大的、加剧的、抹不去的自卑感；另一个是对于安全、平静和社会平衡的需要，以及支配他人为目标、争取凌驾于环境之上的渴望。我们可以一眼发现存在此类目标的儿童，因为他们总是认为自己的所有经历均是失败的，并且总是认为其他人忽视和排斥了自己，结果就是他们极易成为"问题儿童"。任何一个儿童均可能面临误入歧途的危险，任何一个儿童早晚都会发现自己身处某种危险境地。

既然儿童必须得在成人的包围下长大，那么他们就极易产生自己是如此软弱、渺小的感觉，并丧失独立生活的能力；对于那些他人认为自己可以做好的简单工作，他也会失去信心，认为自己不具备不出岔子地完成某项简单工作的能力。由于我们对儿童提出了远超其能力的要求，从而令其产生了无能为力、孤立无助的感觉，并为此深感羞愧；更过分的是，有些人甚至刻意令儿童感觉到自己是如此渺小和无能。有些儿童或许是被当作玩具或会动的洋娃娃来对待的，或者是被当作需要格外小心照管的贵重财产。于是，儿童会因父母和大人们的这些态度而确信自己仅能有两个选择：要么讨大人的喜欢，要么令其不快。儿童这种因父母的态度而产生的自卑感或许会因我们文明中的某些特殊因素而进一步加剧，其中无法认真看待儿童就是这种类型。

相当多的儿童均是在担心被他人嘲笑的持久恐惧中成长起来的。可以说，嘲笑儿童简直是一种犯罪行为，原因在于这种做法会对儿童的心灵产生无法估量的影响，以至于长期存在，甚至在其成年后会改变其习惯和行动。我们可以很轻易地发现一个成年人在小时候经常遭到他人的嘲笑，这是因为他成年之后一直生活在再次被嘲弄的恐惧之中。

经常对儿童说露骨的谎言是对儿童态度不认真的另一种表现。这一做法不仅会令儿童对周遭的环境产生不信任感，而且会令其对人生的严肃性和真实性产生怀疑。我们曾发现过此类患病儿童，他们在学校里总是莫名其妙地发笑，问其笑的原因时，他们给出的答案就是学校仅仅是父母开的一个玩笑而已，因此无须用严肃认真的态度来对待。

二、自卑感补偿：对认可和优越感的追求

自卑感、不足感和不安全感决定着个体的生存目标。儿童早在生命之初就试图引人注意，其想让父母注意自己的倾向就表现出来了。这时我们可以发现，伴随着自卑感的影响，他们打算获得认可的强烈欲望正在慢慢觉醒，他们最早流露出的迹象已经明确地表现出个体的目标就是要获得优越感，就是要凌驾于自己所处的环境之上。

于追求优越感目标的确立而言，社会感的程度和质量是极有帮助的。如果想要对一个成人或儿童进行适当的评价，就要对这个人追求优越感的目标和其社会感的强弱程度进行比较。

于一个人而言，一旦其目标确立，那么目标的实现不但可以保证其获得优越感，而且利于其提升人格，从而让其生命更具意义。个体会因为这样的一个目标而获得价值感，并因此整合并协调自己的情感，从而激发其想象，引导其创造力，决定着个体理应铭记或忘却的内容。

由此可见，感觉、情绪、情感和想象的价值这些个体精神活动中的要素均是相对的，甚至一直是变动的。

一般情况下，我们是依据某一个固定的点来确定方向的，这个点是虚拟的，是被我们人为创造出来的。我们之所以假定有这样一个并非真实存在的点，就是因为精神生活本身的不完善。这种假定与其他学科进行的假定相比，是相似的，例如我们用虚拟

的却极为有用的子午线来对地球进行划分。

同样，我们在面对精神臆想病例时，要做的第一件事就是必须要假定一个固定的点，就算是经过进一步的观察证明此点是虚拟的，并不存在。之所以这样做是为了在一种杂乱无章的状态中确定方向，从而让我们可以清晰地认识其中的各种相对价值。此举的益处在于，一旦我们确立了一个点，就可以依据这一固定点来对一切感觉和情感进行分类。

所以，一套极具启发性的体系和方法就被个体心理学创立出来了。这一方法把人的行为当作一个合乎目的的关系群，而这个关系群建立的基础是人体的基本遗传潜能，其形成则是在追求特定目标的过程中。

根据我们的经验，即便个体为某个目标而奋斗是一种假设，它也是一个适宜的存在，而且所包含的基本规律和实际存在的事实存在相当多的相似之处。无论这些事实是存在于意识之中还是潜意识之中，我们都可以这样说，为某个目标而奋斗就是人类精神生活的有目的性，它既是一个哲学上的假设，也是一个事实。

就人类文明而言，对权力的追求实在是最大的弊病，对于阻止这一弊病的发展而言，怎样做才算是有效的呢？我们在研究此问题时，发现需要面对重重困难，原因是人类对权力的追求早在婴儿时期就开始了，而于一个幼小的孩子来说，我们是极难接触到的。我们所能做的只能是等其再长大一点才可获得对其进行改善和纠正的机会。不过到了此时，就算和儿童生活在一起，我们也无法彻底湮灭其对个人权力的追求。

此外我们还要面对的一个困难就是，儿童会将其对权力的追求掩藏在友爱和温情的面纱背后，而非公开暴露出来；他极其小心地遮掩着自己的这一目标，以此达到将自己的想法隐藏起来的目的。

于儿童而言，如果约束其对权力的追求，那么就会令其精神发展退化；如果儿童过分夸大对安全和力量的追求，那么其极有可能会将勇气转化为鲁莽，将服从转化为懦弱，将温情转化为统治世界的奸猾阴险；结果就是其一切自然情感或表达均会处在一层伪善的面纱背后，并将征服周围的一切作为自己的终极目标。

教育所做的就是借助于有意识和潜意识地补偿儿童的不安全感来对儿童施加影响，同时在此过程中令其掌握生活技能，借助于赋予其一种训练有素的理解力以及用以对待他人的社会感对其施加影响。以上任何一种措施，不管其来源怎样，均可以帮助成长中的儿童摆脱内心的不安全感和自卑感。而在这一过程中，我们一定要依据儿童所表现出来的性格特征来判断其精神活动，原因是其精神生活是一面镜子，可以将这些性格特征折射出来。于儿童而言，身处实际生活中的劣势尽管相当重要，不过却不能成为衡量其不安全感和自卑感的标准，原因就在于其对不安全感和自卑感的理解才是起决定作用的。

我们无法使儿童可以于一切处境中均能对自己做出正确的判断，因为就算是成年人也不可能做到。这样一来，诸多困难就会应运而生。

儿童的成长环境是如此错综复杂，因此有些儿童就必然会对自己所处地位的劣势做出不正确的判断，而有一些儿童或许可以略微清醒地看清自己的处境。不过于整体而言，伴随着成长的脚步，儿童对其自卑感的理解会不断发生变化，直至最终固定下来，以一种明确的自我认识形式呈现出来，而这种明确的自我认识是存在于儿童行为中的那个自我评价的"恒量"。

关于心灵企图借助于补偿机制以平衡让人痛苦的自卑感这一现象，在有机界也同样存在。众所周知，一旦我们身上某个器官受损，其能力可能降低到正常状态之下，于是此器官就会出现这样的现象：或是增生，或是功能强化。所以，心脏一旦处于血液循环不通畅的状态，它就好像会积聚全身的力量，从而让其增大到比正常的心脏更有力的程度。与此类似，心灵一旦处于自卑感的压力下，或者受到认为自己弱小而无助的想法的影响，就会尽其所能想办法将"自卑情结"征服。

一旦儿童的自卑感强烈到害怕永远无法弥补其自身软弱的程度时，那么危险便会随之而来。意即在追求补偿的过程中，一个人并非简单地只满足于恢复其平衡力量，而是会为了一种超常规的平衡而寻找过度补偿。

一个人对权力的追求或许会被夸大，或许会被强化到病态的地步，如果出现这样的情况，那么此人就无法满足于普通的生活环境了。在对病态的权力趋向进行研究时，我们发现那些企图借助于卓绝的努力在生活中寻求安全处境的人，相比其他人会更加急切、更加急躁，会产生更强烈的冲动，并且会丝毫不在意他人的想法。此类儿童会因为他们夸张的行动以及争取支配权的企图而更加吸引他人的注目，他们不但会尽其所能保卫其生活，而且在此过程中还会侵犯他人的生活。

当然，情况还不至于坏到这种地步。在追求权力的过程中，有些儿童并不是刻意和社会发生直接冲突的，其抱负也相当正常。不过，倘若我们仔细研究其活动和成就，便会发现其成功并不令整个社会从中获益，原因就在于其抱负仅与自身相关，并不曾照顾到他人的利益，而且他人的生活会因这种自私的抱负而受到阻碍，其人格中的另外一些特征也会伴随着时间的推移而表现出来。如果从全人类关系的角度考量，我们会发现这些特征全都具有非常鲜明的反社会色彩。

骄傲、虚荣以及尽其所能将他人征服的强烈欲望是这些特征中最为显著的。于一个人而言，拥有的较高地位以及对他人的轻视态度均可以满足其对他人征服的欲望。换言之，实现其征服愿望的关键就是可以把一个人和他人分隔开来的"距离"。这个人会因为这种征服态度而不断触碰到人性的阴暗面，从而体验不到任何生之乐趣。最终的结果就是，不但本人感到不舒服，周围的人也会难以忍受。

有些儿童企图借助于拼命追求权力以确保自己对环境的影响力，不过这种夸大极易令其以抵抗的态度对待日常生活中的工作和职责。倘若我们把此类渴求权力的人和标准的社会人群进行比较，就可以很轻松地确定其社会指数（也就是他们和同类疏离的程度）。倘若我们对人性具备敏锐的洞察力，并且也清楚生理缺陷的重要性，那么就会清楚，这种性格特征在形成的过程中必定出现过障碍。

在心灵的正常发展过程中或许会出现一些障碍，倘若可以认识到这些障碍的重要性，我们就可以真正理解人性；倘若我们对自己的社会感予以充分发展，我们所掌握的这些人性知识就可以成为助人的工具，而非害人的工具。例如，那些有生理缺陷或性格不好的人极易生气，我们可以对此持理解而非责备的态度，原因在于这一切并不是他们的责任。实际上，我们必须承认的是，他绝对拥有表达自己愤怒的权利，而且我们还一定要认识到，我们要对其处境负有一定的责任。这样说的原因在于，正是由于我们不曾及时采取措施预防导致这一悲剧的社会根源的产生才造成了这种现象。倘若我们可以坚持这一立场，那么最终必定可以改善现有状况。

我们不应该将此类人当作没出息的、无足轻重的无赖，而应将其当作我们的同胞；我们理应为其营造一种可以让其感觉和周围人平等的氛围。试想，当你看到眼前出现的人带着显而易见的身体缺陷时，你的心情会多么糟糕！实际上，用怎样的态度来对待有缺陷的人，是一个极好的衡量标准。原因就在于，一方面，我们可以由此获知，如果要获得绝对公正的社会价值感以及完全真诚的社会认同，我们理应具备什么样的教养；另一方面，我们还可以由此判断人类文明到底于多大程度上会令此类人受惠。

显而易见的是，先天性身体缺陷的人一出生就会感觉到过重的生存压力，这会令其极易采用悲观的眼光看待所有的人生问题。有些儿童尽管不具有过于明显的身体缺陷，但由于不同的人为原因，造成其相当强烈的自卑感，因此他们也会产生类似的悲观态度。例如，儿童会因为其成长的关键时期过于苛刻的教育而导致这种不幸的后果。

儿童小时候所遭受的伤害会在其心头留下难忘的烙印。倘若他当时所遭受的冷遇会对其与人交流造成妨碍，那么长期发展下去，他就会认为自己身处一个缺乏爱与感情的世界，他与此世界不存在任何相同点，进而不能与这个世界深入接触。

让我们一起来看一个例子。

一个病人相当引人注意，原因就在于他向我们不断地讲述其强烈的责任感以及所有行为的重要性。尽管他与妻子在一起生活，不过关系却糟糕到了极点。二人凡事必争，都企图战胜对方，为此甚至连头发粗细的问题也会争吵起来。在这种无休止的争吵、责骂和侮辱中，他们的关系必然疏远。于是在妻子和朋友看来，丈夫对优越感的渴求将其仅存的那点儿社会感扼杀了。

我们通过了解其人生经历，获知如下情况：他的身体在十七岁之前不曾发育成熟，声音还是一个小男孩的声音，不长体毛和胡子，是学校里较矮小的一个。如今三十六岁的他，从外表上看相当阳刚，就如同造物主已为其做出了弥补，弥补了其十七岁前并未获得的一些东西。不过，他承受了整整八年的因为发育晚而造成的痛苦。在此期间，他压根儿不能确定造物主是不是会对其异常的发育情况予以补偿，因此他始终认为自己必定会永远滞留在"儿童"阶段，并承受着巨大的痛苦。

早在那个时候，他现在的性格特征已初露端倪。他总是摆出一副趾高气扬的样子，似乎其一举一动均相当重要。实际上，他一切表现均是为了让自己成为众人的焦点。

随着时间的推移，他慢慢养成了如今我们在其身上所见到的那些性格特征。结婚之后，他始终追求于给妻子留下他事实上远比她想象中更重要和了不起的印象，而妻子则热衷于向其表明，对方对自己的评价是那么名不副实。在这种状态下，他们的婚姻几乎不可能和谐美满，而这一点早在二人恋爱阶段就已显露出来。于此病人而言，倘若想痊愈，他一定要从医生那里学会怎样理解人性，怎样改正自己在生活中所犯的错误。

三、人生曲线图与宇宙观

当我们在阐述此类病例时，经常要将病人当前的实际情况与其儿时印象之间的联系进行说明，而在此过程中采用曲线图的说明方式最为直观，也最为简便明晰。如此一来，我们就可以将相当多的病人的人生曲线图成功地绘制出来，换言之，就可以将个体一切运动所遵循的精神轨迹曲线图绘制出来。这条曲线的形态代表着个体从幼儿时期就开始遵循的行为模式。一些读者或许会存在这样的想法，即我们将人生如此过分地简单化，无异于小看了人的命运，或者认为我们对于"人是生活的主宰"这一观点持否定态度。

从自由意志的角度而言，以上谴责是正确的。实际上，这种行为模式的最终形态必然会发生一些细微的变化，只是其实质性的内容、精神以及意义从最初到如今会一直保持不变。因此我们认为，就算是一个人长大后的环境会在某些情况下发生变化，其行为模式却是持久不变的。我们在研究过程中做的第一件事是将其最早的儿时经历寻找出来，原因就在于幼年时期的印象不但可以将儿童的发展方向指明，而且还可以预示其对未来人生的挑战会做出怎样的回应。为了应对人生挑战，儿童会调动其已经形成的一切潜在心理能力，所以其人生态度必然会受到在幼年时期所感受到的特殊压力的影响，其世界观和宇宙观也会因此受到根本性的影响。

在我们看来，一个人对待人生的态度一旦在其儿童期确立就不会再发生改变，虽然这种态度在其此后的生活中展示出各种不同的表现方式，且和最初形成时完全不同。所以，重要的是要为儿童营造一种使之不易对人生形成错误认识的环境。在最初来到这个世界，儿童对人生的回应是潜意识的条件反射，不过在此后的生活中，他们会因特定的目的而采用不同的回应方式。换言之，初生时，儿童的情绪受着人的本能的影响，不过此后他会获得避开或遏制这些原始本能的能力。此类变化通常从儿童最初拥有自我意识的时候就会出现，几乎就是他开始以"我"来自称的时候。正是在此阶段，儿童开始意识到自己和周围环境之间存在着一种固定联系。这绝不是一种可以令人保持中立的联系，原因在于它始终强迫儿童依据个人的世界观和对幸福与完美的理解采取不同的态度来调整自己的各种关系。

倘若我们回顾对此前人类精神生活之有目的性所进行的讨论，就会清晰地认识到，人的行为模式存在着与众不同的特征，那就是它是一个牢固的完整统一体。随着研究的深入，越来越多的事实证明，任何人都拥有一个完整的人格统一体，就算是那些从表面上看好像具有完全相反的分裂性精神倾向的病人也一样。例如，在学校和在家里，有些儿童的行为截然不同，也有一些成年人存在着极其矛盾的性格特征，总是给人一种神秘莫测、难以理解的感觉。再比如，从表面上看，两个人的言行举止似乎完全一样，不过倘若仔细研究就会发现其潜在的行为模式，结果证明此二人事实上是完全不同的两个人。还有，当我们看两个人好像在做相同的一件事，事实上他们是在做截然不同的两件事；而当两个人所做的事从表面上看好像截然不同时，事实上他们或许是在做相同的一件事。

正是因为存在着这诸多意义，我们绝不可以把精神生活的表现看作单纯的孤立现象，恰恰相反，我们一定要依据此类表现所指向的那个统一目标来判断其意义。我们唯有了解了一种现象在个体的全部人生中所具有的价值，才能清楚其本质意义；我们唯有承认个体的所有表现均是其同一行为模式的一部分，方能理解个体的精神生活。

倘若我们可以明白人的任何行为均是以追求某个目标为出发点的道理，倘若我们明白人的行为始终受制于某种条件，那么我们就会清楚自己最有可能在何处犯错。事实上，导致错误产生的根本原因就在于，我们大家在运用自己的成功经验和精神资源时是依照着个人独特的生活方式，与此同时，我们的这种方式也就在一定程度上对这种生活方式起到了强化作用。之所以如此的原因就在于我们一般不会验证所有的事物，仅是简单地接受、转化并吸收对于一切意识或潜意识的感知。而科学是唯一可以阐述并揭示人的这种行为模式真相的工具，且唯有它可以对其进行改造。下面我们就用一个例子来对以上观点进行总结，并指出我们在其中是怎样运用已知的个体心理学理论对已有的现象进行分析和解释的。

　　一位年轻的女病人对其生活的抱怨达到了难以遏制的程度。她确信自己的不满来源于诸多繁杂的事务造成的忙乱。我们仅从外表就可以发现这个女病人性情急躁，原因是她眼睛里充满了焦躁不安。她还一再抱怨自己就算是在从事一件简单的工作时也会提心吊胆、紧张不安。我们同时从其家人和朋友处获知，她把一切看得相当重要，而且她每天因为繁重的工作而疲于奔命。这个人给我们的整体印象就是，和相当多的人一样，她就是一个特别较真儿的人。关于此点，我们是从其家人所说的"她总是小题大做，瞎操心"这句话中看出的。

　　让我们试想，如果一个人倾向于把所有简单的工作均看得特别难、特别重，那么周围的人会认为其行为如何，或者其伴侣会对其产生怎样的印象呢？很明显，大家必定会认为其行为表达的就是一种恳求，恳求环境不要再为其强加任何其他的工作，原因在于他甚至连最基本的工作也做不了了。

　　由于我们还不曾充分地了解这位女病人的性格，所以我们要对其多加鼓励，使之可以更多地讲述自己的情况。为此，我们在此类诊察过程中一定要学会旁敲侧击，体贴入微，绝不能有支配病人的企图，原因是这样的做法仅能令其产生抵触情绪。总之，倘若可以赢得她的信任，倘若可以与之深入交谈下去，我们就可以获得如下结论：她终生关注的目标只有一个。她的行为说明，她努力向某个人（或许是其丈夫）证明，自己已经无法承受任何义务或责任，因此理应获得他人的温和对待与小心呵护。我们还可以进一步猜想：早在过去的某个时候，她就曾产生过此类想法。当然，我们的猜想也同样得到了她的证实。她坦言早在数年前，曾在某段时间内感到自己最缺乏的是一些温情，并且内心对其充满了渴望。至此，我们已经对其行为获得了明确的认识，即她在强化自己对关心体贴的渴望；正是由于她过去不清楚自己不曾得偿所愿的原因，所以她现在打算阻止此类事情的再次发生。

我们对于她内心的真实想法相当清楚，她企图借助于一种不得罪人的方式来获得某种优越感，同时还打算借助于不断的乞求温情使自己免遭他人的责怪。既然此方法如此有效，那么她的确不应该将它弃之不用，不过其行为中却隐含着远超这些的意义。她对温情（这同时也是一种对他人的支配欲）的乞求一直在增强，必定会引发诸多类型的矛盾。还有，于她而言，受到邀请是一件相当重大的事情，为此一定要做大量的准备。既然在她眼里，一些相当渺小的事情都是异乎寻常的大事，那么到他人家里做客更是一项难上加难的任务，为此她需要付出数小时甚至几天的时间做准备。我们差不多可以由此进行如下猜想：她对于此类邀请，或是婉言谢绝，或是接受，不过她很少会迟到。总之，此类人的社会感绝对不怎么强烈。

在婚姻生活中，相当多的问题会因为这种对温情的渴求而暴露出来。例如，我们可以想象得到，丈夫因公务而外出，或者需要一个人去拜访他人，或者一定要出席其所在的某个社团的聚会。在此时，倘若妻子一个人待在家中，这会不会因此破坏夫妻之间的感情呢？我们的第一反应或许是说，在婚姻里，尽其所能地将丈夫留在家里是理所当然的事情。而且实际情况也经常是这样的。不过，就某种程度而言，此项义务看上去好像甜蜜怡人，事实上每一个职业男性对此均无法适应。在此类情形下，必定会导致不和产生。而在这一病例中，这种不和谐现象很快就会显现出来：丈夫为了不打扰到妻子，偶尔会在相当晚的时候才上床睡觉。不过让其惊讶的是，妻子竟然不曾入睡，而且还用责怪的眼神看着他。

我们在此需要对这种众所周知的类似情形进行描述，当然也必须注意到以下事情，即我们在此所讨论的小毛病同样在相当多的男性身上存在，并不是女性所特有的。我们打算重点说明的是，有时对温柔体贴的特别要求或许会采用不同的方式表现出来。在我们这一病例中会出现以下情形：如果有时丈夫不得不在外面过夜，妻子就会告诉他，既然他平时不怎么参加社交活动，那么最好在那里多待些时间，无须回家太早。虽然她在说此番话时是以轻松的口吻说的，不过其目的却是相当认真的。这看上去似乎将此前我们对病人的印象否定了，不过倘若仔细观察，我们就可以发现其中的联系。这个妻子是如此聪明，深知不能对丈夫管束得太严。她长相极其迷人，性格也特别好，不过她的心理活动是唯一让我们感兴趣的地方。事实上，她对丈夫所说的那番话背后的含义是，她掌握着决定权。既然他已获得允许，那么他就可以在外面待到很晚；不过如果丈夫总是擅作主张地待在外面不回家，她就会认为自己受到了极大的伤害和轻视。整件事因她的话而蒙上了一层朦胧的面纱，好像她成了夫妻关系中那个发号施令者，而其丈夫，无论在工作还是从事其他社会性活动时也一定要服从妻子的愿望和意志。

倘若我们把她对温情的渴望与我们的新发现（也就是她仅在可以彻底掌控全局的情况下方能内心安宁）进行联系，我们就会明白，她绝不允许自己在其人生中处于从属地位，并因此信念而获得激励，她一直要掌握支配权，不愿意因为任何指责而将自己的安全地位动摇，并且要始终令自己成为所生活圈子里的核心人物。在她面临的所有事情中，我们均可以发现此类举止。

此类性格特征或许经常借助于愉快的方式表现出来，所以就表面而言，我们必定无法想象到此人内心正在备受煎熬，更无法想象到此人所受的煎熬会剧烈到极端的程度。试想，如果将紧张夸大、放大，那会是怎样的一种情形。有些人之所以对乘坐公共汽车心存恐惧，是由于自己在公共汽车上无法任意行事。倘若任由这种情形继续发展下去，他们最终甚至会无法迈出家门。

我们还从此病人身上发现了一个极具启发性的，有关个体人生会因为儿时印象而受到影响的例子。我们必须承认，以女病人本人的角度来看，其行为没有任何不当之处。倘若一个人无论是态度还是在其全部人生中均义无反顾地追求着温暖、尊重、荣誉和柔情，那么为了达到此目标，就算是做出一副好像总是不堪重负或心力交瘁的样子也可以称得上是一种很好的办法。因为其他一切方法均无法像这样可以随时规避批评，同时又可以令周遭的环境温和细致地对待她，甚至这种方法可以令其轻松回避任何会对其精神平衡产生破坏的东西。

　　倘若回溯此病人的人生经历，那么我们就会发现，这样的举动早在其读书时就存在了。她一旦完不成作业就会变得异常激动，并借助于这种方式使得老师只好用温柔的方式对待她。她经常与弟弟发生矛盾（她下面还有一个弟弟和一个妹妹），原因是弟弟始终是三人中最受宠爱的那个。尤其让她生气的是，弟弟的成绩获得大家的高度重视，而她的成绩则没人关心。要知道，她本来是一个好学生。最终，在忍无可忍的情况下，她开始整天发牢骚，想弄清楚自己成绩优异却无法获得公正评价的原因。

　　由此可知，这个女孩在努力追求平等，而且早在幼小的时候，其内心就产生了自卑感，同时也在努力克服这种自卑感。不过，她的这种自卑感并不曾因为其在学校获得好成绩而得以减弱，于是她就此成了一个坏学生，打算凭借糟糕的学习成绩将弟弟打败。这当然不是一件光荣的事，不过她却孩子气地认为此举相当合乎情理，因为这样一来父母就不得不对她予以更多的关注。她必定精心策划了一些小把戏，因为她曾明确宣布自己"需要"做一个坏学生。

然而，她的父母压根儿不曾将其成绩差这一问题放在心上。与此同时，发生了一件有趣的事情，那就是她的成绩忽然之间有了长足的进步，原因是这时的新角色——其妹妹闪亮登场了。这个妹妹的学习成绩同样不好，母亲对其成绩表现出极度的苦恼，差不多和对弟弟的关心相同，这其中必定存在某种特别的原因，即我们的病人仅仅是学习成绩差，而其妹妹却品学兼劣。这样一来，母亲的注意力必然会被妹妹轻易地吸引过去。毕竟，相比只是学习成绩差而言，品行恶劣一定会造成强烈的社会效果，甚至会导致诸多相当严重的危险产生，所以父母只好将更多的心思放在此类孩子身上。

就这样，她不得不宣布争取平等的斗争暂告失败。不过一场斗争的失败并不代表着永久的停战，原因是无人可以忍受身处这样的境地。从此之后，她会时不时地表现出新的倾向和举动，而这些举动对其性格的形成起到了一定的推波助澜的作用。如今我们可以更加深切地认识到，她为什么喜欢小题大做，让自己时刻处在忙碌的状态中。事实上，最初的时候，此类情形是做给父母看的，意在令父母可以如同对待弟弟和妹妹那样对待她；同时，此举也是在针对父母对她不如对别人好的行为予以谴责。正是在那时她形成了这种基本态度，并在此后始终保持着，直到今天。

沿着她的人生轨迹，我们还可以再向前回溯到更早的时候。她深刻地记得儿时的一件事。当时，她打算用一块木头打刚出生的弟弟，幸运的是此举被母亲无意中发现，这才不曾铸成大错。尽管当时才三岁，但她已经发现了自己被冷落、不受宠的原因，那就是她只是个女孩。她清楚地记得，自己曾多次产生成为一个男孩的想法。可以说，因为弟弟的出生，她不但失去了温暖的安乐窝，而且内心充满了委屈，她发现，仅仅由于性别不同，弟弟就获得了远超她的待遇。于是她就在努力弥补这一不足的过程中无意中产生了一个办法，那就是让自己一直表现得不堪重负。

我们再来对其所做的一个梦进行解析，以证明她的这种行为模式已根植于心灵之中的事实。她在梦中正在与丈夫对话，不过其丈夫看上去似乎是个女人而不是男人。这一细节象征了她用来处理自己的一切经历和关系的行为模式。这个梦代表着她在和丈夫的关系中找到了平等，丈夫不再是如同其弟弟那样占据优势地位的男人，而是已经如同一个女人了，这样一来，他们之间就不会再出现高下之分了。可以说，她在梦中让自己获得从小就始终在渴望的东西。

就这样，我们成功地把一个人精神生活中的两个点连接了起来，并由此获知其生活方式、人生曲线以及行为模式，然后可以获得以下整体印象：我们在这时面对的是一个凭借温和实现强势的人。

第五章

为人生做准备

　　个体心理学有一个基本原则，即心灵的所有均可当作为某一特定目标所做的准备。在此前所描述的各种心灵活动中，我们可以发现个体在坚持不懈地为实现一切愿望做准备、在勇往直前地为梦想中的未来做准备。这是人类的一种普遍经验，所有人均会经历这一过程。美好的理想国以及人们为之付出的努力总会在各种神话、传说或英雄传奇中提到。还有，人们对童话故事是如此喜爱，并且创作出了数量众多的童话，这就表明了人们始终坚持着对幸福未来的憧憬。

一、游戏

　　儿童的生活中存在一个极其重要的现象，它能相当清晰地将儿童是怎样为将来做准备的情形展示出来，这就是"游戏"。我们绝不能将游戏当作父母或教师随意带着孩子们玩耍的娱乐方式，而是要将它当作教育的一种辅助手段。儿童对待游戏的态度、所做出的选择以及对游戏的重视程度，均暗示了他对周围环境的态度、他与周围环境的关系以及他与人交往的方式。可以说，在做游戏的过程中，这一切特征均会表露出来。换言之，倘若仔细观察儿童在游戏中的表现，我们就可以彻底了解其整个人生态度。由此可见，对于所有的儿童而言，游戏均具有无可比拟的重要性。

不过，"为人生做准备"并非游戏的全部意义。游戏还具备一个相当重要的特征，那就是它是一种社会锻炼，可以展示和完善儿童的社会感。倘若有哪个儿童对做游戏反感，对和大家一起玩反感，人们一般会认为他缺乏适应生活的能力。此类儿童通常不会主动参加任何游戏，就算是可以得到与其他孩子一起玩耍的机会，他也经常令大家扫兴。而他这种表现的原因，主要就在于其骄傲、自尊心极强的性格。这种性格使得他对于自己在游戏过程中的表现过分担心，担心自己会在游戏中露怯出丑，于是为了隐藏自己的弱点，他干脆不参加任何游戏。总之，我们可以观察儿童在游戏中的表现，然后进行分析，便可以相当准确地获知其具有的社会感的程度。

在游戏过程中，对优越感的追求同样是我们必须要关注的要素。相当多的儿童在游戏中都抢着当头儿，想指挥别人，这充分表明他们在努力追求优越感。所以，仅需要对儿童是不是喜欢出风头、是不是喜欢参加那些可以令其获得扮演主角机会的游戏进行观察，我们就可以获得其对优越感的渴求程度。可以说，儿童游戏中最重要的三个要素就是为人生做准备、社会感以及对优越感的追求，所有的游戏必定会有此三者中的一项。

当然，游戏还包含着相当多的其他要素，像儿童在游戏中会将自己在某些方面的天赋才能展示出来。儿童几乎都可以在游戏中寻找到属于自己的位置，而且其内在的许多潜能会在与同伴互动交流中被激发出来。有些游戏对于儿童的创造性表现格外注重，从"为人生做准备"这一角度来看，这些或许可以令儿童的创造精神得到锻炼，此类游戏对于儿童的发展相当重要。例如，我们可以从很多人的人生经历中发现，他们儿时曾为洋娃娃做过衣服，长大之后就替成人做起了衣服。

游戏与心灵之间的关系非常密切。游戏可以称之为一种工作，而且我们也一定要将其当作一种工作，千万不要对正在做游戏的儿童进行干扰，因为这会对其造成不良影响。还有，我们千万不要将游戏简单地看成是一种消磨时间的方式，原因是于儿童而言，做游戏就是在为将来的人生做准备，任何一个儿童都会在游戏中将其长大成人之后的某些特点表现出来。由此可见，假若要评价一个人，我们便可以了解其童年生活，这样就会获得更加清晰、更加客观的结论。

二、专注与注意力不集中

作为心灵活动的一个重要特点，专注也是人类一切才能中特别显著的一种。当我们全神贯注地运用感觉器官去对某个特定的事实进行探究时，就会油然而生一种特殊的紧张感，这种紧张感仅局限于某一器官，如眼睛。以眼睛为例，我们会发现，专注于某事的过程中所产生的紧张感就好像一种蓄势待发或一触即发的感觉，当我们专注地盯着某个目标的时候，双眼就会产生这种特殊的紧张感。

倘若专注于将心灵某个角落或运动组织中某一部位的紧张感唤起，那么与此同时，其他部位的紧张感就不会被注意到。所以，我们一旦打算专注于某事，就会将其他外在的干扰排除掉。从心灵的角度来看，专注代表着某种态度，代表着我们愿意与某个确定的事实建立起直接而密切的联系。除此之外，专注也可以说是心灵出于自身需要在积极备战，换言之，专注就是在某种非常状况下，我们将全部意念集中于某一特定目标上。

除了病人和智力障碍者，人人都拥有专注的能力，不过，就算是这样，相当多的人还是难以做到专注。之所以无法做到专注，存在相当多的原因。首先，专注会因疲劳或体弱受到影响；其次，一些人之所以无法做到专注是由于其注意的对象和自己的行为模式格格不入，不能引发其兴趣，进而无法做到专注，不过倘若遇到与其生活方式密切相关且令其大感兴趣的事情，其专注力就会马上苏醒。无法做到专注还有一个重要原因，那就是抗拒倾向。儿童相当容易产生抗拒倾向，面对为其提供的所有东西，具有抗拒倾向的儿童经常会予以拒绝。因此，如果想唤醒此类儿童的专注，就一定要先将其抵抗倾向抚平，使之变得豁达而宽容。

　　具体的做法就是，教育者和教育机构要把此类儿童一定要掌握的内容与其行为模式联系起来，并令其成为儿童生活方式中必备的、有用的组成部分。如此一来，他们就可以做到接受专注的教导。

　　有的人对于自身以及自身之外的一切事物均可以看到、听到、感觉到；有的人将自己对人生的探索交给双眼去完成；有的人则运用听觉器官感知一切事物。还有一些人，既看不见什么，也注意不到什么，可以说他们对视觉性的东西丝毫不感兴趣，甚至在最可以激发其兴趣的环境里，还是无法做到专注。造成这种情况的原因就在于，此类人用来感受事物的感觉器官还不曾被外在因素刺激。

　　心怀对世界真诚的兴趣是唤醒专注力的重要因素。于精神层面来说，相比专注力，兴趣要深刻得多，可以说它是专注力的基础。所以，倘若产生了兴趣，那么自然就会去关注；倘若儿童可以产生兴趣，那么教育者就可以对其能否专注放心了。可以说，兴趣是一个既有效又便捷的工具，拥有它，人们就可以目标明确地、专心致志地去攻克某一个知识领域。不过，人们在培养兴趣以及实践兴趣的过程中均可能会犯错，而当某些错误的兴趣在一个人身上慢慢固定下来后，此人的专注力就会受到影响，于是此人就会将专注力转移到那些于其人生来说并不太重要的事情上去。

如果一个人无法做到专注，那就说明他对某种他理应集中注意力的场合不感兴趣并且试图摆脱这个场合，不过这并非可以证明其缺乏专注力，事实上，他相当专注，只不过专注于别的事情上。同样，那些缺乏意志力和活力与无法专注的情况也是如此。在此类人身上，我们经常可以发现他们那顽强的意志和执着的精神全都倾注于没有任何意义的闲事上。由此可见，此类人的问题在于他们所追求的目标与我们通常所预期的不同。若想改正这种缺陷却相当困难，唯一的方法就是改变其整体生活方式，方能获得成功。

无法专注的倾向或许会固定下来，成为一种永久不变的性格特征。这种情况相当普遍，例如，我们经常会遇到以下这些人：他们受命去做自己不喜欢的工作，结果他们或是偷工减料、得过且过地应付了事，或是彻底甩手不干，最后他们必定成为大家的负担。在此类人身上，无法做到专注已经成为其一个固定的习惯，一种固定不变的性格特征，每当需要他们一定要去做某些事情时，他们身上的这种性格特征就会自然地表现出来。

三、无心之过与健忘

因为一时疏忽而不曾采取必要的防护措施，进而威胁到他人的安全或健康，这种行为我们一般以"无心之过"来称呼。无心之过是无法做到专注的一个极端表现，其根本原因就在于当事人仅专注于自身，对他人缺乏兴趣。倘若想弄清楚儿童是仅替自己着想还是会考虑到他人，这相当简单，仅需对其在游戏中是不是经常粗心大意、丢三落四进行观察就可以了。

对他人漠不关心以及无心之过是对个人是否具有公共意识和社会感的衡量标准。倘若一个人的社会感不曾得到充分发展，那么他极难对其他人产生兴趣，就算是因此对其进行惩罚也无法改变；而倘若其本身具有强烈的公共意识和社会感，那么他自然就会更多关注他人。所以我们完全可以得出如下结论：无心之过和社会感匮乏差不多是相同的一件事。不过，就算是一个人当真由于疏忽而犯了错，我们也不应对其一味地谴责，而应以宽容的态度寻找其无法如同大家所期望的那样对他人多加关注的原因。

通常情况下，无法做到专注就比较容易健忘。大家平时或许都曾有过以下的经历：如果哪天不专注，必定会丢三落四。有些人或许对某事有着浓厚的兴趣，不过不愉快的心情或许会将其兴趣挫伤，结果其记忆力就会出现衰退，进而导致其丢三落四。这一情况可以从儿童经常遗失课本得到实证。实际上，他们出现这种现象的原因，并不是他们对学习不感兴趣，而是因为他们还不曾习惯学校生活，或者说，他们因学校生活而产生了紧张或不愉快的情绪。换言之，相当多的健忘者通常不愿意公开表示反抗，不过我们可以从其健忘行为中相当轻松地获知其实际上对自己正在做的事情缺乏兴趣。

四、潜意识

我们在此前描述的人实际上大多并不曾意识到自己的心理活动究竟具备怎样的含义，就算是那些专注力强的人，通常也不太容易转瞬之间就将眼前的一切看清的原因解释清楚。由此可见，某些心理机能是无法在意识领域内寻找到答案的。虽然我们可以刻意地强迫自己的专注力达到某种程度，不过激发专注力的是兴趣，而不是意识，兴趣绝大多数属于潜意识范畴。就广义上而言，潜意识也属于一种心灵活动，而且属于心灵中的一个重要因素。

一般情况下，在一个人的潜意识里，我们可以探索并发现其内在行为模式；而在其意识里，我们所看到的极可能是与其行为模式相反的东西。例如，一个虚荣的女人对其虚荣表现通常都缺乏自知之明，而相反的是，她有此类表现的原因在于她想向他人说明自己是多么朴实端庄。爱慕虚荣是一种相当愚蠢的品质，在此问题上，人类已经达成共识。由此可见，倘若一个人可以专注于一些无关痛痒或毫不相干的事情上，倘若可以对自己的虚荣表现做到无视，那么此人就会获得超强的安全感。当然，这一连串的心理活动均发生于潜意识之中。如果你企图与一个虚荣的人就其虚荣展开讨论，你会发现相当难，因为他或是含糊其辞，或是避重就轻，生怕自己受到侵犯。不过，此举反而坚定了我们对此人的看法，那就是，他原本打算将这种虚荣继续下去，因此一旦碰到与虚荣相关的话题他就会立刻警觉起来，唯恐他人将其揭穿。

依据人对自身潜意识活动了解的程度，可以将人大致分为以下两类：一种是相比平均水准，对自身潜意识活动了解得比较多的人；一种是相比平均水准，对自身潜意识活动了解得比较少的人。通过相当多的病例，我们发现了一个现象，即第二类人的活动范围通常比较狭小，而第一类人的活动范围则相比更广泛一些，他们对所有的人或事均有浓厚的兴趣。有些人始终认为生活过于繁重、做人相当无奈，此类人往往目光短浅、见识浅薄，其活动仅限于狭小的生活圈子，无法如同懂得生活规则的人那样清醒地看待人生，因此当他们面对广阔的人生时经常会产生茫然感。正是因为受限于对生活的兴趣，他们害怕生活圈子过大以至于自己无法掌控全局，所以他们通常没有任何知心朋友，甚至不能理解生活中那些美好的东西，仅能感知到一些没有任何价值的细枝末节。

接下来，我们同样要对两类人进行讨论：一类人过着一种相当有意识的生活，他们在面对诸多人生问题时，持客观而理性的态度而非盲目行事；第二类人仅仅看到了人生的一小部分，在处理遇到的问题时经常表现得相当偏激、不理智。这两类人倘若生活在一起，是极难友好相处的，原因就在于他们总是针锋相对、互不相让。这两类人在日常生活中相当常见，而且我们还会经常看到他们针锋相对的场面。他们中的任何一方都将对方看作不可理喻之人，坚信只有自己是正确的，并且为了证明自己是多么希望大家可以和睦相处摆出诸多理由。如果我们对其进一步观察就会发现，这两类人在生活中一直持敌对好斗的态度。

　　人有时候会爆发出一些自己都无法想象的力量，虽然潜意识将这些力量一律隐藏起来，不过人的生活还是受到一定程度的影响，甚至还会因此招致严重的后果。小说《白痴》的作者陀思妥耶夫斯基曾用令后来的心理学家惊叹的文笔在其中描述过以下事情：某次社交聚会上，一位贵妇用嘲弄的口吻警告小说中的主人公公爵，提醒他不要碰倒身旁那个昂贵的中国花瓶。公爵虽然向她保证自己会加倍小心，不过数分钟后花瓶却掉到了地上，摔得粉碎。在场的人都认为公爵打碎花瓶是有意之举，因为此举极其符合公爵的性格，他会认为自己受到了那个贵妇的言辞侮辱。

　　当我们对一个人进行判断时，不但要观察对方身上那些有意识的行为和表现，还要观察那些甚至连其本人都不曾意识到的小细节，要知道，这些潜意识的东西恰好可以成为我们了解一个人真实人格的极好素材。例如，某些人经常咬指甲或挖鼻孔，不过其本人并不曾清楚此类不雅习惯是如何形成的，而且他们或许压根儿不曾想到此类不雅举动事实上就将其性格倔强的特点暴露出来。我们会看出其性格倔强的原因相当简单，即假如儿童具有此类习惯，那么大人们必定会为此经常训斥，并督促其将这些坏毛病改掉；其在屡遭训斥之后仍不悔改，那么他必定就是一个顽固不化之人。倘若具备比较丰富的观察经验，我们就可以借助于观察此类微不足道却可以将整体人格反映出来的细节深入而全面地了解一个人的心灵。

心灵拥有支配意识的能力。换言之，即任何对心灵活动而言是其所必要的东西，心灵就会将其保留于意识层面；而出于维护个体行为模式的目的，心灵还会把某些东西保留于潜意识中，或者将其彻底变成潜意识。以下我们借助于对两个病例的分析来对此问题详细说明，于个人而言，把潜意识的东西保留于潜意识中，相当利于减轻我们的精神负担。

第一个病例是一位年轻男子，他是家中的长子，其下有一个妹妹。10岁时，他的母亲去世了。从那之后，两个孩子的教育就由父亲负责。这是一个相当聪明、善良的父亲，本人的道德感也极强，他努力培养儿子的雄心壮志，激励儿子不断向更远大的目标进发。儿子也相当争气，不但学习成绩优异，在班上遥遥领先，而且道德修养和科学素质也始终在班中名列前茅。父亲因为儿子的表现而倍感欣慰，因为他最初就期望儿子可以在生活中扮演一个重要角色。

与此同时，父亲也发现了这个年轻人身上暴露出的一些令其担忧的性格特征，并竭力想助他将这些毛病改掉，不过结果却是大失所望。在此期间，男子的妹妹也渐渐长大了，并且与之展开了步步紧逼的竞争。妹妹本身的能力也相当强，只不过她更喜欢以自己的柔弱为武器从而获得胜利，她更喜欢借助于打击哥哥将自己的重要性凸显出来。就家务方面而言，妹妹相当能干，哥哥压根儿无法与之相比。虽然哥哥在其他领域可以将对方轻松打败并大放异彩，不过身为一个男孩，他在家务上却是极难取得如此高的成就的。

除此之外，父亲早早就发现儿子在社交生活方面存在着不正常之处，而且这种不正常伴随着青春期的到来更加明显。实际上，这个男子压根儿不存在任何社交生活。他以敌意的态度对待一切新认识的人，如果对方是女孩，他更是避之唯恐不及。最初的时候父亲并不曾意识到此问题的严重性，不过慢慢地，儿子对社会的抗拒发展到了差不多足不出户的程度，甚至连出门散步都极其不喜欢，仅能于天黑后才愿意出去走走。就算是这样，他在学校和对待父亲时的态度，还是那么完美。

当事态严重到不管如何他都待在家中的程度时，他父亲只好带着他去看医生。经过数次诊断，医生总算获知他喜欢待在家中的原因，那就是他认为自己的耳朵太小，想避免遭到大家的嘲笑。可实际情况并不是这样。医生告诉他，他的耳朵和其他男孩的耳朵一样，不存在任何不同。而他这样做的原因在于想借此缘由躲开其他人。随后，他又声称自己的牙齿和头发也相当难看。不过很明显，这些又是他的片面之词。是什么原因让他总是用这些幼稚的借口为自己寻找待在家中的理由呢？原来，倘若他的这些理由获得他人的相信，那么他就可以证明自己那么小心乃至紧张的表现是情有可原的，众所皆知，长相丑陋的人在人类社会中必定会遭遇远超常人的困难。

这个男孩是一个极具野心的人，这很轻松就可以发现。而他本人也相当明白这一点，并且认为这一切都得自父亲的培养，原因在于其父亲始终激励他奋发向上、积极进取，争取登上人生的最高峰。他本人的最大理想就是成为一名伟大的科学家。当然，这一理想原本无可厚非，不过倘若他树立这一理想仅仅是为了逃避每个人必须承担的社会义务，那就存在问题了。

通过进一步的观察发现，这个男孩在追求着一个相当高远的目标。过去他始终在班里成绩优秀，并且希望可以始终如此。须知，一个人倘若达到这样的目标，那么就一定具备着专注、勤奋、刻苦等良好品质。不过在他看来，他不但拥有这些品质，而且还想把任何看上去与目标不存在任何关系的东西全部排除在人生之外。这种想法可以用一句话概括："倘若我想成名，倘若我想献身于科学事业，那么我就一定要将任何必要的社会关系摒除。"

不过他不但不曾如此表达出来，也不曾如此思考，相反，他却声称自己长相丑陋，并企图以此为借口来实现自己的目的。这一借口于行动计划来说相当重要，因为如此一来他就可以理直气壮地从事自己真正想做的事。如今他需要做的就是，坚持自己的说法，夸大自己的丑陋，从而可以让自己继续追求内心深处的那个隐秘目标。不过倘若他为了实现这个目标而公开宣称自己打算过苦行僧一般离群索居的生活，那么大家必定可以一眼就看透其心思。由此可见，尽管他潜意识中一门心思地想要成为杰出的人物，不过于意识层面他却并不曾觉察到自己的这一目标。

他从不曾想过为了自己的目标牺牲一切，孤注一掷。倘若他果真可以如此做，即为了实现成为科学家的目标，公然把所有无关紧要的事务都摒弃掉，那么最后到底是否可以稳操胜券，他是没多大把握的。而倘若以自己长得丑并且不敢与人交往为借口，那么他也许对于实现目标就可以更有把握。除此之外，在一般情况下，只要有人公开宣称自己打算永远独占鳌头、出类拔萃，并且愿意为此目标牺牲任何人际关系，那他必定会成为大家的笑柄。由此可见，这是一个相当可怕的想法，也是一个人们不敢去想的想法。人人皆知，无论是从影响的角度，还是从为我们自己好的角度出发，有一些想法是永远要深藏于内心的。正因为如此，这个男孩就将其人生指导思想潜藏于自己的潜意识之中了。

倘若我们将这样一个人的主要人生动机指出，并让其明白自己之所以无法正视自身的某些倾向的原因，是由于害怕自己当下的行为模式会遭到破坏，那么这个人的整体精神机制必定会被彻底搅乱。如此一来，他曾尽其所能、不惜一切代价要阻止的事情最终就会发生！其潜意识中的思想会被大白于天下，变得清晰而透明。那些他甚至不敢想、不敢有的想法，那些马上意识到就会将整体行为模式扰乱的倾向，如今均会大白于天下。人类身上存在一个特点：每个人都愿意采用那些可以证明自己的态度和行为合情合理的想法，而拒绝接受一切有可能阻止其按个人意愿行事的观念。换言之，人仅有勇气接纳其认为于自身有价值的东西，只要有好处，就会把它存放于意识之中；只要对既有的行为模式会产生破坏作用，就把它藏于潜意识深处。

第二个病例是一个相当能干的男孩，他的父亲是一位教师，因此始终激励儿子夺取班里的第一名。刚开始，这个男孩赢得了一系列的胜利，即做任何事情，他均是班里的优胜者。于是他成为自己的社交圈里最具魅力的成员之一，并且拥有了几个亲密的朋友。

不过当他十八岁时，情况发生了转折性的变化。他对任何事情均失去了乐趣，意志消沉，神情沮丧，心烦意乱，一门心思想逃离这个世界。除此之外，他还存在一个问题，即但凡交上一个新朋友，没过多久他就会将此关系搞砸。所有的人都可以由其行为发现他遇到了严重的障碍。不过于其父亲看来，这种宅在家里的生活方式相当好，可以让其把更多的精力投入到学习中去。

治疗期间，这个男孩一直抱怨是父亲剥夺了他一切的人生乐趣，因此他失去了继续生活下去的自信和勇气，如今自己一无所有，仅能于孤独中悲哀地打发余生。而且，他的学习能力也大幅退步，大学成绩出现了不及格的现象。对此，他给出的理由是这种转变源自一次社交聚会，当时，他的朋友因其在当代文学方面的无知而嘲笑他。此后相似的事情时有发生，于是这就更加坚定了他离群索居的想法。除此之外，他坚持认为自己的不幸都是父亲造成的，结果这一想法导致父子之间的关系日益恶化。

以上两个例子存在相当多的相似之处。第一个例子中的病人因为承受了来自其妹妹的阻力而失败；第二个例子中的病人则由于他将全部错误归结于父亲身上而对父亲产生敌意。实际上，主导此二人的思想就是我们所谓的"英雄主义理想"。他们沉醉于这一理想当中，与周围世界断绝了一切联系，最终的结果就是令自己意志消沉，神情沮丧，进而失去了对生活的信心，宁愿彻底退出人生的舞台。

就某种程度而言，潜意识中隐含着以下思路："既然如今我距离人生的战场这么近，既然保持第一无法和从前那样轻松，那么我理应竭尽全力于此战场上撤离。"不过众所周知，此类想法通常无法让人接受，因此没人可以将之表达出来，不过由他们的行为表现可以发现，他们的确是这样想的。

五、天资

现在，我们对那些于个体评价有益的心灵现象做出的分析，仅余一个不曾论及，那就是智力。一般情况下，我们对自己的评价极不重视，原因就在于我们确信，人人均会犯错，并且人人均需要借助于诸多复杂的利己手段、道德手段或其他一些手段来粉饰自己在他人心目中的形象。不过我们还要做一件事，那就是在对个体的人格特征进行分析时，要从某些特定的思维以及语言表达入手，当然，这一方法仅适用于有限的范围。换言之，我们倘若打算对个体做出正确的评价，那么就一定要重视其所思所想以及所说的话。

我们所说的天资，指的是一个人在做出各种判断时所表现出的特殊能力。它始终是无数研究、分析和测验的对象，而对儿童和成人所做的智商测验（即所谓的智力测验）是其中最著名的。不过，迄今为止，这些测验均不够准确。每当一批学生接受测验时，获得的结果常常说明，就算是不运用这一方式，老师也可以相当轻易地得出一样的结论。最开始，实验心理学家们将智力测验看作一项相当伟大的发明，不过与此同时他们也相当清楚，就某种程度而言，此类测验是多余的。同时，就智力测验还存在一种质疑，那就是儿童的思维和判断能力的发展是不稳定、不规则的，所以相当多测验成绩不良的儿童或许会在数年之后突然表现出惊人的发展态势和才能。还必须注意的一个因素是，就大城市或某些社会圈子的儿童而言，由于其生活范围广阔，所以其对这些测验会有更充分的准备。于是他们在测验中会表现出相对较高的智商，尽管这一测验结果并不那么可靠，但足以让那些准备得并不充分的儿童相形见绌、黯然失色。

到现在为止，我们并不曾在智力测验方面取得多大的进展。事情很明显，我们从柏林和汉堡的测验中获得了让人相当遗憾的结果，那就是相当大的一部分测验成绩最高的儿童在此后的学习中表现并不好。而这一现象也证明，智力测验的结果并非可以对儿童未来的发展予以保证。相反，个体心理学的实验却可以经得起更多的考验，原因就在于其了解到的那些潜藏于发展过程中的积极因素是固定不变的。除此之外，倘若需要，这些研究还可以让儿童获得正确的矫正方法。总而言之，个体心理学有个贯穿始终的原则，即绝不让儿童的思维和判断能力与其整体心灵活动分离，而是要联系其心灵活动并进行综合考虑。

一、劳动分工与两性差异

我们从前面的讨论中可以获知，个体的一切心灵活动受到社会感、对权力及优越感的追求这两大因素支配。个体的一言一行均受到这两大因素的影响，个体用怎样的态度去追寻安全感，去面对爱情、工作和社会这人生的三大挑战也是由这两大因素所决定的。如果打算更加深入地了解人类的心灵，那么就要在对每一种心灵活动进行判断时，对这两种因素的量和质进行综合性考量，原因就在于这两种因素之间的关系对个体在理解社会生活规律方面起着决定作用，同时还决定了个体可以在多大程度上接受社会生活所必须的劳动分工。

维系人类社会的一个要素就是劳动分工。不管一个人身处何地，其一定要做自己理应做的事，均要尽其本分。人如果不愿意尽其本分，或者对社会生活的价值予以否认，那么就会成为一个反社会的人，会对融入社会予以拒绝，会对与他人建立伙伴关系予以拒绝。通常情况下，此类人包括那些所谓的利己主义者、喜欢恶作剧的人、以自我为中心的人以及喜欢惹是生非的人。除此之外，此类性格特征也可以在那些行为怪癖的人、流浪者和罪犯的身上找到，这些人的反社会倾向会更复杂、更严重。造成大家对此类人身上的性格特征予以谴责的原因就在于，人们将这些性格特征的本质看透了，认为其与社会生活相互抵触、格格不入。

由此可见，一个人对他人的态度决定其价值，一个人在多大程度上融入了社会生活所必须的劳动分工也决定着其价值。倘若此人对社会生活持肯定的态度，那么他就会成为对其他人有重要意义的人，会成为庞大的社会链中的一环。顺便说一句，此社会链一旦被打乱，那么人类社会的秩序就一定会受到干扰。一个人所具有的能力决定着其在人类社会中所处的位置，这原本就是一个不言自明的真理，不过却因为重重迷雾而失去了其本来面目。人们之所以形成错误的价值观，是由于其对权力和优越感的极度渴望与追求。

有些人会对其本应做的事、本应尽的责任予以拒绝，此举必定会造成劳动分工的紊乱。还有一些人会出于个人利益的考量而对公共生活和社会工作造成影响，而劳动分工也会因为这种不正当的野心和权力欲而遇到重重障碍。除此之外，社会中存在的阶级对立也造成了人类的矛盾和纷争。某些阶层的人（即那些有权有势之人）出于维护个人权力和经济利益的目的，会利用权势将一切好的位置占据，而其他阶层的人则会被排斥在外。如此一来，正常的劳动分工就因为阶级差别而受到影响和阻碍。既然社会结构中存在着相当多的对劳动分工有害的因素，那么我们就可以相当容易地理解劳动分工从来都不是那么一帆风顺的原因了。那些不断对劳动分工造成破坏的力量，必定会在让某些人获得特权的同时，对另外一些人形成束缚。

造成劳动分工的另一个重要因素是人类的两性差别。因为身体结构上的不同，女性经常会成为某些活动的拒绝对象；反之，男性也会被某些工作拒之门外，原因是他们更适合做其他工作。倘若不是白热化到了丧失理智的程度，那么一切妇女解放运动均理应接受以下观点，即以性别差异为前提的劳动分工必定要以不带任何性别偏见为基础。这是由于劳动分工绝非为了将妇女的女性气质剥夺，也绝非要破坏男女之间的自然关系，而是要令男女双方均可以获得最适合自己的工作机会。

在人类发展进程中因为性别差异而造成劳动分工不同的这一现象可谓历史悠久。很早之前，女性就开始将一部分社会工作（在某些情形下男性或许也会承担这些工作）接手，而对应的，男性则将可以更好地运用自身力量的位置占据。总之，倘若想做到人尽其才、充分利用好劳动力，倘若不将人的体力和脑力用错地方，我们就必须承认这种劳动分工有其价值所在。

理解人性

二、男性在当今社会中的支配地位

人类文化是因为某些想要获取特权的个人和阶层推动的，人类文化向着追求个人权力的方向发展着。在这种大环境下，劳动分工也会受到深深的影响，其影响的程度足以将整个人类文明的体系扭曲，男性在当今社会中的重要性得到了极度凸显就是其中最明显的一个特点。例如，男性在具体的劳动分工中经常居于支配地位，其拥有对女性的支配权，如此一来，他们就获得了某些特权，其某些利益就得到了保障。男性可以占据诸多有利条件，可以支配女性的各种活动，并且可以轻易地躲开自己不愿意干的那些事情，以期获得舒适怡人的生活。

当前的情形是，男性想尽办法要继续拥有对女性的支配权，而女性则对男性的统治心存不满。因为两性之间存在着唇齿相依的密切关系，所以可想而知，这种持续的紧张一定会造成心理失衡，严重的话甚至还会导致身体障碍，最终必定会给双方造成极大的痛苦。

我们所有的制度、传统观念、法律、道德以及习俗均证明了以下事实，即由享有特权的男性决定并维护着所有的这一切，就是为了可以继续保持其高高在上的支配地位。男性占支配地位在人类社会已成为根深蒂固的惯例，人类社会的每个角落均受这种惯例的影响，甚至连幼儿园的小朋友也受到此影响。虽然儿童对于诸多社会规范的来源并不清楚，不过我们也要承认，其思想感情必定会受到社会大环境的影响。此类例子俯拾即是，例如当我们要求一个小男孩穿女孩的衣服时，他可能相当生气，甚至会大发脾气。如果儿童对权力的渴求相当强烈，那么他必定会对男性特权表现出极度的偏好，因为他意识到男性身份可以随时随地保证其优越地位。

我们在此之前曾提到过，当今的家庭教育对权力过度追求，如此一来当然就极易造成儿童维护并夸大男性特权的倾向。更何况，一般来说，家庭中代表权力的一方均为父亲，因此孩子从相当小的时候起就可以意识到父亲扮演的角色的重要性，他会留意到父亲掌控整个家庭生活的方法、安排家里的每件事的方法以及在一切场合中均可以将一家之长的姿态展示出来的方法。此外，他还发现父亲的指挥获得了家里所有人的服从，母亲也总要征询父亲的意见。除此之外，相比始终陪在孩子身边忙碌着的母亲而言，父亲与孩子相处的时间通常比较少，不过在孩子的眼里，父亲反而因其行踪不定而显得更加神秘，因此就更能激发其兴趣。

总而言之，从任何一个角度而言，父亲好像均为一个强有力的角色。所以可以想象，有的孩子会把父亲当作榜样，并确信父亲所说的一切均为至理名言，在证实自己的观点时，他们经常会说出"父亲曾如此讲过"之类的话。就算是在父权影响并非明显的环境下，孩子也可以意识到父亲的支配作用，这是由于父亲是家里的顶梁柱，肩负着全家的重担。由此可见，父亲可以在家庭中充分施展自己的权力的原因完全是由劳动分工造成的。

关于男性获得支配地位的方法，我们提醒大家一定要注意一个事实，那就是这一现象并非自然产生，而是人为造成的。关于这一点，我们可以从为了确保男性支配地位的合法性，人类制定出的诸多种法律上看到。当然，这同时也说明，早在法律对男性的支配地位予以保护之前，必定还存在过男性不曾获得如此多的特权的时代。历史证明，此类事情在母系社会中的确存在过。那时，母亲在生活中扮演着重要的角色；部落中每个男子都要尊重母亲的崇高地位，并且成为他们的义务。直到今天，这一古老的制度还在某些民族的习俗和语言习惯中保留着，例如儿童在遇到陌生男性时会以"叔伯"或"兄弟"来称呼他。想必在从母系社会过渡到男性掌权的时代中经历过一场恶战；女性地位下降的同时也是男性赢得胜利的开始，我们可以从相关法律的确立及健全过程中清楚地看到这一漫长的征服过程。男性的支配地位并非上天赋予，有证据表明，这实际上是原始部落之间持续冲突的必然结果。每当部落之间发生冲突的时候，男性的战斗能力就会得到充分发挥，其地位也会因此而变得愈发重要，于是他们最终会利用这种新获取的有利条件将自己的领导地位保住，进而达到自己的目的。在男性的地位变得愈发重要的同时，他们也慢慢获得了财产权和继承权。如此一来，男性就获得了财产积累者和财产所有者的双重身份，从此角度而言，正是由于男性掌握了财产权和继承权，所以才能占据支配地位。

关于这一切，成长中的儿童在不借助书籍和与学习相关的知识就可以了解到，原因是他凭感觉就可以获知男性是家庭中享有特权的成员。就算是做父母的极具有眼光，提倡人人平等，刻意地摒弃这一根深蒂固的男性特权，儿童仍旧会产生这种感觉。总而言之，我们倘若想让儿童明白忙于家务的母亲实际上和父亲一样重要是相当困难的。

如果儿童从小就认识到男性拥有显著的特权，那么试想，这会对其产生何种影响呢？众所周知，父母通常更喜欢生男孩，因此相比女孩的出生，男孩的出生更受欢迎。生长在这样的环境中，男孩随时可以感觉到自己之所以享有了某些特权并且具有了更大的社会价值，是因为自己和父亲一样是男性。除此之外，在人类社会的每个角落都存在着男性拥有更多特权的现象，就算是无人刻意将男性的重要地位标榜出来，男孩也可以借助于人们的无心之语获得相比女性而言，男性更为重要的信息。

因为生活中一些司空见惯的现象，儿童会更加确信：男性拥有绝对的支配地位。例如，在从事卑微琐碎的家务活上，人们大多倾向于雇佣女仆而非男仆。此外，绝大多数女性通常对于自己可以和男性平起平坐并不那么确信。顺便提个建议，女性最好于婚前就以下问题询问其未来的丈夫："你如何看待男性的支配地位，尤其是在家庭生活中所占据的支配地位？"不过实话实说，对于这一问题，男性通常不会正面回答。

我们发现，在这一问题上，女性之间也存在分歧：有的女性对男女平等充满渴望之情，有的女性则在某种程度上对男女不平等的观念予以认可；与此相反，男性早在孩提时就坚信，身为一个男人，他会扮演一个更为重要的角色，这是其得自上苍的、必须要承担的责任。这样一来，他就会格外关注那些对维护男性特权有利的人生挑战和社会挑战。

生长在这样的环境中，儿童可以从诸多角度全面了解到女性的本质，也会认识到绝大部分女性均处于卑微而可怜的地位。如此一来，男孩必然会义无反顾地向着男性化的方向发展，努力追求权力，把男性气质和男性态度当作个人奋斗目标。由此可见，权力可以算得上是培养男性特质的温床。人们一般会认为，有些性格特征是男性特有的，还有一些性格特征则是女性特有的。

不过，那种以男性特有和女性特有划分人的性格特征的方法是不存在任何根据的。倘若比较男孩和女孩的心理状态，从表面上好像就可以找到支持这种划分方法的一些证据，不过事实上这些所谓的证据均为人造的，因为我们的调查对象早就各司其职、各就其位地进入了各自的成长轨道，特定的权力观早就对其生活方式和行为模式进行了限制，甚至连其奋斗目标也是这种权力观强行赋予的。

除上面谈到的以外，我们称这种分类毫无道理还因为我们发现，这两种性格特征均会促使人去追求权力，换言之，具有像服从和柔顺等所谓"女性"性格特征的人同样存在掌握权力的渴望。例如，乖巧的儿童和叛逆的儿童一样会对权力充满渴求，不过乖巧的儿童必定会享有更多的优势，如此一来，他必定更容易获得权力。总而言之，追求权力的方式相当复杂，因此我们在探索人类心灵活动时一定要格外细心。

男孩在其成长过程中会慢慢地将维护自己的男性身份当成一项重大责任，他也会因为这一责任而变得越来越野心勃勃，并由此让自己对获得权力和优越感愈加渴望，甚至对男性的天职就是努力追求权力和优越感这一观念更加坚信。对于相当多渴求权力的男孩而言，只认识到自己的男性身份是远远不够的，他们还要证明自己是一个真正的男子汉，而获取男性特权就是最好的证明方式之一。为了达到此目的，他们一方面力争上游，尽力让自己配得上男性身份；另一方面，他们还会尽其所能地在女性面前展示出一副高高在上、颐指气使的姿态来。为了达到目的，这些男孩会依据自己所遇到的抵触程度的大小，采用或顽固而粗野地逞强，或巧妙而狡猾地耍心眼的方式。

倘若享有特权的男性决定着整个社会的衡量标准，那么我们就必定会对以下情况处之泰然：就算是小男孩也必须要面对此类标准并以此衡量和观察自己，确定自己的行为是否够阳刚，是否是一个真正的男子汉。今天，我们所谓的男子气概好像已经成为一种共识，不过它事实上仅仅是一种自私自利的东西，是一种满足自恋情结的东西。男子气概包括相当多如勇气、力量、责任感、无往而不胜（特别是将女人战胜）、地位、荣誉、头衔以及坚决排斥所谓的女性倾向等性格特征，这些性格特征足以让人获得一种优越于他人或凌驾于他人之上的感觉。可以说，拥有支配权也是男子气概的一种体现，所以，为了赢得个人的优越地位，男人们始终坚持不懈地奋斗着。

由此可见，所有男孩的性格特征均来源其在成年男性身上（特别是在父亲身上）所见到的一切，均系人为原因所导致的。可以说，鼓励人们去追求显赫权力是人类社会的普遍现象。男孩在很小的时候就受到多种多样的要为自己争取权力和特权的激励，而这就是所谓的男子气概。而如果他向着坏的方向发展，那么这种男子气概就会成为粗鲁和野蛮的代称。这一点是众所周知的。

在此类环境下，倘若自己是男性，就可以获得各种好处，这对所有人均是一种无法抗拒的诱惑。所以我们容易理解，很多女孩梦想着要成为男孩的原因，她们会对自己的女性身份感到遗憾和失望的原因，她们喜欢以男子气概来衡量自身行为的原因，以及她们的行动与男孩那么相似的原因了。

我们甚至敢这样说，差不多人类社会中的每个女人都渴望成为男人！那些想当男孩的女孩经常心存一股无法扼制的愿望：希望可以在更适合于男孩体格的游戏和活动中大出风头，为此她们喜欢爬树，更愿意与男孩一起玩，她们认为任何"女里女气"的活动均是丢脸的事，并避之唯恐不及。总而言之，于她们而言，倘若想获得满足感和优越感，只有置身于那些适宜男性的活动中。我们发现，看一个人怎样追求优越感的重点并非观察其具体表现，而是要观察其具体表现背后隐藏着的意义和目标。对这些女孩来说，她们喜欢从事诸多类型的男性化活动的唯一的原因就是，其内心渴望获得男性气概。

三、所谓的女性低劣

为了证明自己的支配地位是合情合理的，男性不但始终声称自己的位置是上苍赋予且与生俱来的，而且还会声称这一切均是因为女性自身的低劣而导致的。关于女性低劣这一观念相当普遍，好像已经成为多数民族的共识。不过换个角度想想，男性竭力对女性予以贬低不正恰好说明其内心的紧张不安吗？或许男性的不安情绪早在其反抗母系社会的斗争中就已形成了，而这正是因为那时男性的内心因女性的缘故产生了极度的不安感。这种情况经常在文学作品和历史文献中可以看到相关的描述。一位拉丁作家曾写道："男人因女人而陷入迷惘。"在一些神学书卷中，女人是否有心灵成了一个经常被讨论的话题。此外，相当多的学术论文还就女人到底是不是当真属于人类而展开讨论。

男性对女性的偏见有一个极端的体现，即人们一度对女巫展开了长达一个世纪的迫害，而且一般都是用火刑来处罚女巫。可以说，人们对于女性的认识早在已经久远到被人遗忘了的年代就已经彻底陷入混乱和不确定之中。

女性经常被看作是万恶之源，《圣经》中的"原罪说"，以及荷马的《伊里亚特》都是如此描述的——海伦的故事警示世人——红颜祸水，整个民族会因为一个女人而承受灭顶之灾；关于女人道德败坏的传说和童话也极多，其中描述了女性的邪恶、虚伪、不忠以及水性杨花；甚至在法律论辩中也经常会出现诸如"像女人一样愚蠢"一类的说法。受这种偏见的影响，女性的能力、勤奋和才华必然会遭到贬低。无论是文学作品还是各个民族的语言风俗，其中都存在着相当多用以批评和贬低女性的形象化的比喻、逸闻趣事、名言警句以及笑话，其中恶毒、小心眼儿、愚蠢等就是一般最常见的字眼。

可以说，在某些时候，对女性的贬低甚至达到了异常尖锐的程度。像斯特林堡、莫比乌斯、叔本华和魏宁格等男性，对女性都心存极大的偏见。此外，相当多的女性也成为这一群体中的成员，她们听天由命地认为女性生来就应该低人一等。总而言之，此类人确信女性低劣，他们通常会认为女性的天职就应该是柔顺和服从。当然，对女性的劳动价值的贬低也是对女性的贬低的一种体现。换言之，就算女性从事着和男性相同的重要工作，其获得的报酬也要比男性低。

我们通过对智力测验的结果进行比较后发现，像在数学等某些特定的科目上，男孩的确极具天分，而女孩则在语言等科目上极具天分。男孩在那些有利于将来从事男性化职业的学科上的确表现出较多的天分，不过这仅是一种表面现象。倘若对女孩的具体情况进行更加深入的研究，我们就会发现所谓的"女性天生能力低下"纯粹是无稽之谈。

或许在生活中，女孩每天都可以听到诸如女子不如男、女人仅适合做一些并非重要的琐碎小事之类的话，时间一长，她就会慢慢地对女性的命运注定就是如此且不可改变深信不疑；再加上她们从小缺乏适当的培养和训练，于是她们早晚会认定自己的确不具备任何能力。如此一来，她必然会丧失斗志、沮丧异常，于是一旦碰到所谓的"男性"工作，她就会下意识地产生先入为主的印象，认为自己根本无须对此类工作感兴趣，就算是她的确对此类工作相当感兴趣，很快这种兴趣也会消退。总之，不管是从内在的心理准备而言，还是从外在的能力准备而言，她都会主动放弃。

由此可见，女性能力低下好像已经成了言之凿凿的事实。事实上这一谬论形成的主要原因包括两个：一是我们一般判断一个人的价值时，是依据其事业发展状况的，有时候甚至会仅仅依据一孔之见来判断一个人的价值，如此一来自然就极易对女性做出错误的判断；二是因为我们已经习惯于用带有偏见的标准来衡量女性的价值，因此我们极难认识到以下事实：个人心灵的发展状况决定了其表现和能力。

人们极易忽略生活中一个重要的现象，即女孩一出世，其所听到的就是对女性的偏见之言，而她也因为这种偏见而慢慢丧失了对自我价值的信心，即其有所作为的希望和自信被粉碎并被扼杀了。倘若这种偏见不断被强化，倘若女孩不断看到女性是怎样扮演屈从角色的，那么无须奇怪，她一定会因此丧失勇气，不敢直面自己的职责，进而失去了独立解决自己人生问题的信心。一旦这样，她就极大可能会成为无用又无能之人了。不过话又说回来，倘若我们所做的一切就是将一个人的自尊和自信破坏，打击其勇气，令其万念俱灰、对自己能否有所作为失去所有幻想，而在我们的这种打压之下，此人的确是变得一无是处、毫无出息，那么，又如何可以确保我们所做的一切都是正确的呢？我们是不是应该承认我们要对痛苦负责呢？

女孩生活在我们的社会中极易失去勇气和自信。事实上，以下这个有趣的现象经由一个智力测验表现出来：将一组年龄在十四岁到十八岁之间的女孩作为被试对象，测验结果表明其才华和能力均远高于其他男女混合的小组。而经过进一步的调查研究发现，母亲在这些女孩的家庭中，或是唯一的养家糊口之人，或是承担了相当一部分的养家任务。这代表着在这些女孩所处的家庭环境中，并不存在任何有关女性能力低下的偏见，就算是存在，其程度也相当轻。这些女孩亲眼看到了母亲的辛勤劳动是怎样获得回报的，如此一来，她们就不会轻易受到女性能力低下这一观念的影响，其成长就会获得更多的自由，她们的发展也就会更加自由和独立。

针对存在的对女性的偏见，还有一个证据，即已经在相当多的领域，尤其是文学、艺术、工艺和医学领域获得极高成就的女性。这些女性的成就完全可以和同领域的男性相提并论。而与此同时，平庸的男性也随处可见，这类人不但碌碌无为，而且能力也差到了极点。在这种情况下，我们可以相当轻松地找到许多证据来证明低劣者并非女性，而是男性。当然，这种做法显然是不可取的，我们在此仅以其作为一个论证罢了。

对女性的贬低一定会造成一个严重的后果，即我们会因此按照某种固定模式对各种观念进行非黑即白的分类。例如我们会在一说到男性时就不由自主地联想到有价值、强有力、成功和能干等标识，而一说到女性时就会不由自主地想到听话、顺从和附属物的同义词。实话实说，这种思维模式早就在人类的思想观念中根深蒂固，甚至让人类文明中凡是可称颂的事物均具有了男性色彩，而那些不值一提或卑劣不堪的事物则被贴上了女性标签。例如，我们经常会在生活中看到以下现象：称一个男人"女里女气"是对其最大的侮辱，不过倘若称一个女孩过于男性化，则无伤大体。

借助于深入研究，我们发现造成女性存在某些所谓的"低劣"

表现的原因就在于，其心灵发展遇到了某种障碍。人类社会存在一个特点，那就是它不能确保所有的孩子均成为"有才华"之人，不过却极易让孩子成为"无才华"之人。

万幸的是，我们从不曾如此做过，不过我们清楚，某些人在此方面做得相当成功。如此一来就可以比较容易地理解，在我们所处的这个时代，女孩相比男孩而言，经常会遭受到更多的限制。当然，就算是这样，我们还是会经常看到某些"无才华"的儿童突然之间变得才华横溢这种所谓的奇迹发生。

四、逃避女性身份

对于女性而言，男性在社会中占据了显著的优势地位无疑会对其心灵发展产生破坏性影响，这种现象的结果就是，不满意自己的女性身份差不多成为女性的一个通病。女性的心灵活动轨迹与那些因为受到束缚而心存强烈自卑感的人特别相似，而问题也会因对女性的偏见而变得更严重、更复杂。在这种情况下，或许有相当多的女孩会找寻某种形式对自己的心灵予以补偿，不过她们一般会将之归功于自己的性格和智慧，当然有时也归功于她自己所获得的某些特权。而这一点正好可以说明"一步错，步步错"的道理，因为虽然女性所拥有的这些特权可以令其将某些责任和义务的束缚摆脱掉，虽然她们所获得的这些特权可以算是一种奢侈的享受，但是它们所提供的优势仅仅是一种假象而已。

换言之，女性表面上看好像是获得了极大程度的尊重，其实却并非如此。事实上，"女性优势"这种说法存在一定的理想主义成分，不过理想最终会变成空想的原因就在于它本身就是男性按照个人利益的需求打造出来的。关于此问题，乔治·桑发表了可谓一针见血的看法，她曾说过的："女人的美德乃是男人的绝妙发明。"

　　通常情况下，有两类人会对女性的身份予以反抗：一种人就是我们此前就已简单讲过的那些积极地向着"男性化"方向发展的女性。她们一般精力充沛、雄心勃勃，并坚持不懈地为人生的美好而奋斗着，一门心思要超过自己的兄弟或其他男性伙伴，所以其选择参加那些通常被看作是专属于男性的活动，会对运动之类的事更感兴趣。她们对待爱情和婚姻持逃避态度，因为在她们看来，一旦建立这种关系，她们就会尽其所能胜过丈夫，进而破坏爱情和婚姻的和谐。她们对于做家务相当讨厌，不过她们采用迂回的方法推卸这一责任而非公然表达厌恶之情，例如她们会不承认自己具有做家务的能力，并且一直用不同类型的证据来证明自己天生就不具备此方面的能力。

　　事实上，此类女性是在用"男性化"的方式对男性优势给自己带来的冲击予以补偿，其采用的基本策略就是对女性身份的抵制。一般情况下，人们称其为"假小子""男人婆"等，当然，此类称谓听上去的确带有某种歧视意味。相当多的人认为，此类女性作风男性化的原因就在于她们身上与生俱来的一种专属男性的物质或分泌物在作怪。不过，我们纵观整个人类文明史后发现，导致女性反抗的原因就在于她们承受了太多的令其难以忍受的社会给予的压力，而且直到现在这种压力仍然存在。

倘若女性的反抗是用我们所说的男性化方式表现出来的，这就可以得到极好的解释，原因在于人类仅存在男女两种性别，每个人均一定要择其一而从之，或是做一个理想的女人，或是做一个理想的男人。由此可见，倘若打算逃避女性身份，那么就只能选择男性化作风，反之也是如此。因此可以说，女性的男性化并非某些神秘分泌物作用的结果，而是由于在人类社会这一有限的时空里不存在其他的可能性。倘若无法保证女性与男性的绝对平等，那么也就无法指望女性可以其乐融融地适应生活、适应社会。所以，我们千万不要忽视出现在女孩心灵发展过程中的各种障碍。

第二类女性终其一生都持听天由命的态度，以令人吃惊的适应、顺从和谦卑对待自身的处境。表面上看她们似乎处处都可以适应，可是事实上这仅仅是一种极度无能的表现，所以她们最终也不会有多大的作为。她们有时会因为患上神经性症状而显得柔弱无助，从而让他人确信她们的确需要更多的关怀。她们还会用这个作为借口，声称自己无法适应社会生活的原因在于其教育和生活方式均受到这种神经性疾病的干扰。她们认为自己是世界上最好的人，不幸的是其本人体弱多病，因此不但无法尽如人意地去迎接人生的挑战，而且无法给周围的人带来幸福。实际上，相比第一类女性，她们的屈从、谦卑以及自我压抑是一样的，均为反抗的一种表现形式。

严格来说，还存在第三类女性。此类女性对于女性身份并不拒绝，但她们清楚地意识到自己注定要低人一等，注定要在生活中担任从属角色，于是她们会感到痛苦。她们对于女性天生低劣的说法深信无疑，同样对于仅有男性注定在生活中大展拳脚成就事业深信不疑，于是她们就对男性的特权地位予以认可，并加入了替男性高唱赞歌的队伍，高声赞美男性乃是实干家、成功人士，并要求将特殊地位赋予男性。她们将自己的柔弱无助相当明确地表现出来，好像就是希望每个人都可以认识到这一点，如此一来，她们就可以获得更多的帮助。

事实上，她们以这种态度揭开了一场酝酿已久的反抗序幕。她们经常会说"这种事仅能男人去做"之类的话，借助于这种方式，她们不但可以将自己的不满发泄出来，而且还可以将婚姻的全部责任云淡风轻地推到丈夫身上。

虽然女性被看作劣势一族，不过她们却承担着绝大部分的教育任务。以下我们就来看一看上述三类女性是怎样承担这一最重要、最艰难的任务的，同时也借此进一步将这三类女性明确地区分开来。第一类女性（即具有男性化风格的女性）常常以专横粗暴的方式对待孩子，喜欢惩罚孩子，孩子会因此而承受相当大的压力，会尽其所能地去逃避。这种教育方式就算是可以奏效，至多也仅能算是一种无任何意义的军事训练。

在孩子的心目中，此类母亲必定是相当糟糕的教育者。她们大声说教、喋喋不休，不过始终难以达到预期的效果，甚至还会因此引发一系列危险的后果。例如，女儿也许会受到鼓舞，学习她们；儿子则或许会被吓到，甚至终生陷于这种恐惧的困扰之中。在这种高压教育下长大的男性相当多都存在竭力躲避女性的特点，而且他们无法信任任何一个女人，原因就在于其内心深处好像总是萦绕着某种难以消除的恐惧。这样一来，两性之间就会存在明显的分界和疏离。我们认为，男性会患"恐女症"的主要原因就在于其母亲的高压教育。还有一些研究者则说此类现象是雄性激素和雌性激素比例失调的结果，不过其说法极难让人信服。

同样地，另外两类女性也无法胜任教育任务。这是由于她们对自己过于缺乏信心，于是孩子极易发现其不自信，进而不服从管教。此时，母亲或许会变本加厉地唠叨或不断训斥，并以告诉其父亲威胁孩子。而她们向孩子父亲求助的举动又将其不够自信的毛病暴露出来，也进一步表明其对于能否教育好孩子缺乏信心。事实上，她们是打算逃避教育任务，因为她们认为教育孩子的任务仅能由男人胜任，教育是离不开男人的，而其所做的一切好像均在证明这一点。此类女性一般不大可能将心思花在教育孩子上，她们会理所当然地将教育孩子的责任推给丈夫和家庭教师，理由就是她们总认为自己不擅长做此事。

有的女性为了逃避生活，会用某些所谓的"高尚"理由为借口，实际上，这种行为隐含着对女性身份的极度不满。这类女性包括修女或其他因为职业的缘故而选择独身生活方式的女性，她们用这种决绝的态度表明自己对女性身份的厌弃。与之类似的是，相当多的女孩较早就踏入职场，因为她们认为职业就如同一道保护网，可以令其保持一定的独立性，也可以令其避开婚姻问题。由此可见，女性之所以做出这种选择，其动力同样是源于对女性身份的厌恶。

如果此类女性结了婚，我们是不是就可以视其自愿承担女性角色呢？答案相当清楚，结婚并非说明女性已然对自己的性别角色予以认可。一位三十六岁的女士可以算得上这方面的典型例子。这位女士来就诊时告诉医生，自己患有诸多类型的神经性病症。作为家中的长女，其父亲年事已高，母亲则比父亲年轻得多且相当跋扈。她母亲原本年轻貌美，却选择了一个老头儿作为丈夫。我们由此可以推测，在其父母的婚姻中必定存在着某种厌憎女性角色的成分。事实上，其父母的婚姻并不美满。母亲每天吵吵嚷嚷，尽其所能让家里其他人服从其意志，无论他人是否高兴；而年迈的父亲则在一切事情上均被逼得无还手之力，女儿说其母亲甚至禁止父亲躺在沙发上休息。总而言之，母亲所做的所有事情就是强行实施其中意的一套"治家之道"，并令其成为她家的绝对法律。

我们的病人打小就是一个能干的姑娘，得到父亲的极度宠爱；相反，她不能令母亲满意，母亲总是与之作对。后来，弟弟出生了，他得到了母亲的极度偏爱，于是母女之间的关系恶化到了让人难以忍受的地步。这个小姑娘意识到自己的靠山是父亲，这是由于父亲在其他事情上总是忍气吞声、迁就忍让，不过一旦威胁到女儿的利益，他总能挺身而出对女儿予以保护。如此一来，女儿开始发自内心地憎恨自己的母亲了。

母女之间的冲突相当激烈，女儿选择母亲的洁癖作为攻击目标。这是由于其母亲的洁癖是如此严重，甚至到了迂腐的程度，她甚至要求女仆碰过家具后一定要将手擦干净。不过，女儿却一定要邋里邋遢地到处晃，并且找到机会就将家里弄得一团糟。在她看来，这样的做法好像可以令她获得一种独特的快感。

她的性格特征与母亲期待的截然相反，这明显证实了性格得自遗传的说法是错误的。倘若孩子的诸多性格特征差不多可以将母亲气死，那么在这些性格特征的背后必定隐藏着一个有意或无意的计划。直到现在，这对母女之间还持续着敌意，而且是那种令你无法想象的不共戴天的仇恨。

于是在她八岁的时候，家里就出现了以下情形：父亲始终会站在女儿一边；母亲则整天拉着一副苦脸，以尖刻而严厉的态度推行自己那套"治家之道"，并且还不停地斥责女儿；女儿则心怀怨恨地用异常刻薄的话对母亲极尽挖苦和打击之能事。后来，弟弟患上了心脏瓣膜病，家里的情形因此变得更加复杂了。作为母亲的心肝宝贝，弟弟一向备受宠爱，于是母亲因他的病而对其更加关心和溺爱，甚至达到了无以复加的地步。我们从中可以发现，这个家庭中的父亲和母亲对待孩子的方式始终是对立的，而我们的病人正是成长于这样的环境中。

紧接着，她突然之间患上了神经性不安症，没人清楚她患病的原因。实际上，她患上此病的原因就在于她对于和母亲作对的往事牢记不忘，其内心因纠结于各种怨毒的念头而备受煎熬，于是自然会感到极端郁闷，认为自己到处受阻、诸事不顺。后来，她突然狂热地信奉起了宗教，不过情况并不曾因此而好转。又过了一段时间，她的那些怨毒念头最终消失了。大家认为是药物治好了她的疾病，实际上却是由于她的母亲考虑到她生病了，因此转攻为守，不再盛气凌人地与之针锋相对了。尽管其所患的神经性疾病略有好转，不过她却留下了一个后遗症，即极为恐惧打雷和闪电——她认为打雷和闪电出现的原因完全是由于自己心眼儿太坏，对自己的母亲心存怨毒的想法，因此自己终有一天会死于雷电手中。由此可见，当时她对于摆脱自己对母亲的怨恨的渴望是多么强烈。

就这样，随着她慢慢长大、成熟，她的面前好像满是锦绣前程的呼唤。她的一位老师曾说："若这孩子想做何事，她就一定可以做成。"她因为这个评价受到了极大的影响。或许，老师的这番话只是随口而出，不过于她而言却代表着"只要我想就可以做出一番大事来"。意识到这一点之后，她和母亲之间的斗争更加激烈了。

到了青春期，她长成了一个美丽的少女。到了适婚年龄，她也有相当多的追求者，不过因为她的尖酸刻薄，这些恋情均无疾而终。她一度喜欢过一个住在自己家附近的男人，这个男人比她大许多。人人均对她终有一天会与那个人结婚深表忧虑，然而那人很快就搬走了，而她却留了下来。如此一来，直到二十六岁，她都不曾遇到一个求婚者。她所在的圈子对于这件事人人皆知，不过到底她落得如此结局的原因却无人可以说清楚，因为没人了解她的成长经历。

从童年时期开始，她就始终和母亲进行着艰苦而激烈的斗争，于是养成了动辄吵架这一让人头疼的毛病。于她而言，倘若可以挑起事端、惹是生非，那就是一种胜利；她母亲的所作所为又一直在将其激怒，结果她不得不一次又一次坚持寻求新的胜利。于她而言，最大的幸福莫过于激烈的唇枪舌剑，如此一来其虚荣心才能得到满足。除此之外，她对于用唇枪舌剑打败对手充满了渴望，也充分说明其行事风格极其"男性化"。

二十六岁的时候，她与一位极其受人尊敬的男士相识。她好斗的性格并不曾将此人吓跑，相反激起对方极其热烈的追求，此人对她百依百顺。最终亲戚们纷纷向其施加压力，要求她嫁给这个人。不过她一再辩解，自己和此人在一起并不快乐，因此从不曾产生嫁给他的念头。若我们对其性格有所了解，那么这一切就不言自明了。不过，在抗拒了两年之后，她最终还是嫁给了这个人——她坚信此男人已经成为其奴隶，自己可以随心所欲地摆布他。由此可见，她始终在内心希望这个男人最好是其父的一个翻版，可以如同其父一样对其百依百顺、有求必应。

　　不过，没过多久她就发现自己犯了一个错误。结婚没几天，丈夫就开始极其自在地坐在那里，一边抽着烟，一边翻着报纸。他早晨离家去上班，下班后准时回家吃饭。如果她未曾准备好饭，那么他就会抱怨地嘟囔几句。他要求她整洁、温柔、守时，还为她立下了不同类型的规矩，而这些规矩在她眼里是如此不合理，因此她压根儿不曾打算遵守。很明显，她与丈夫之间的关系和她与父亲之间的关系真的不具有共同性。如此一来，她的梦想破灭了。结果是她越提出要求，丈夫就越拒绝她；丈夫越要求她做好家庭主妇，她就越对他漠然置之。她每天一得到机会就提醒丈夫，说他实际上无权向她提出这些要求，而且她还明确地告知对方自己不喜欢他。丈夫对此无动于衷，还是持续地向她提着各种要求，她因此感到前途暗淡、幸福渺茫。她没想到的是，这个男人在追求她时是如此本分正直，如此温顺谦卑，而一旦得到她就让从前的温顺谦卑消失无踪。

　　后来，她有了自己的孩子，升级为母亲，不过这并不曾令她与丈夫之间的关系有所好转，相反为她增添了必须面对的新任务。

与此同时，因为她的母亲始终竭力维护女婿，因此她与母亲的关系也更加糟糕。她在家里与丈夫不断地发生充满火药味的冲突。时间一长，做丈夫的偶尔也会愤怒，表现得极其粗暴，于是她因此获得了抱怨的理由。

事实上，造成她的丈夫如此失态的直接原因就是她那让人难以接近的秉性，而她让人难以接近的原因就在于她没办法恪守自己的女性身份，相反却认为自己可以永远扮演女王的角色，身边围绕着一个可以满足自己一切愿望的奴隶，可以悠闲地享受着生活。在她看来，这样的生活才有意义。

如今，她还可以做些什么呢？与丈夫离婚，然后回到母亲身边宣告自己的失败吗？实际情况是，由于她对于自食其力的独立生活从不曾做好准备，因此她缺少这方面的能力；而且，于既骄傲又虚荣的她而言，离婚可以称得上是一种侮辱。如此一来，她只好继续忍受来自丈夫的批评指责和凶巴巴的母亲的喋喋不休，如劝她讲卫生、爱整洁，她因此感到生活苦不堪言。

不过突然之间，她竟然变得干净整洁起来了！她每天不是洗就是擦，或是打扫房间，好像一个最终迷途知返的孩子，接受了母亲这么多年来的谆谆教诲。最初，她母亲因看到她倒垃圾、整理房间、打扫橱柜而笑逐颜开，她丈夫也因为情况的好转而开心不已。不过，她的转变或许有点儿矫枉过正了，因为她将全部身心投入了家务当中，每天都在洗呀擦呀，将家里收拾得一尘不染，而且不想让什么人打扰自己干活。然而，她的劳动热情却打扰到了他人，倘若有人碰了她洗干净的东西，她就会再去洗一遍，而且一定要自己亲自动手。

实际上，不停地洗洗刷刷就是一种病态。此病态常于那些对于自身的性别不满意的人身上，而她们正是打算借助于完美的卫生品德以达到抬高自己、证明自己比那些不怎么做家务的人优秀的目的。尽管她们的这种做法并非刻意，不过其干劲儿的确可以令整个家庭鸡犬不宁。相比其他家庭，这种女性的家可谓杂乱无章，甚至可以说，其目标实际上并不是干净整齐，而是志在让家里变得乱七八糟。

由此可见，某些好像在恪守女性职责的女性的行为仅仅是表象。此类例子在生活中是相当多的。下面我们再来说一说我们的这位病人吧，她因为与谁也无法友好相处，不知道替他人着想，因此没有女性朋友，而所有的一切与我们对她的推测完全吻合。

今后，我们认为找到更好的教育方式来教育女孩相当有必要，以便让其获得更充分的准备，进而更好地适应生活。当然，就算是在相当有利的环境中，女性或许也可以发展出和生活格格不入的生活方式来，就如同上述病例中的那位女性一样。在当今社会，法律和传统以所谓的"女性低劣"予以庇护，虽然每一个懂得心理学的人都对此拒绝承认，不过我们还是得承认事实就是这样。所以，我们一定要时刻保持警醒，从而识别并制止此方面的错误行为。我们之所以要这样做的原因并非出于夸大对女性的尊重到了病态的地步，而是由于当前的这种错误态度已经将整个社会生活的秩序破坏了。

让我们借此机会来讨论另外一种贬低女性的说法，这种说法就是所谓的"危险年龄"。这一年龄差不多就是五十岁左右。处于此年龄段的女性的某些性格特征会更加突出；与此同时，女性也会经历绝经这一重大的生理变化。对于女性来说，绝经代表着痛苦的日子已经来临，代表有着其将永远失去自己耗尽一生心血辛辛苦苦建立起来的那点儿重要意义。在这种情况下，其身份和地位好像相比从前不那么稳固了，于是她一定要加倍努力去寻求任何对于维持原有身份和地位有益的手段。不过令人遗憾的是，人类文明存在着一个主导性原则，即适用于当下的才是具有价值的。所以每一个上了年纪的人，尤其是日渐衰老的女性，日子都不大好过。她们因为对老年女性的价值的彻底否定而受到极大的伤害，而我们每个人也因此受到影响，原因在于毕竟人活着不能仅靠回忆昔日的光荣岁月。

当一个人的力量和行动能力在以无可阻挡的态势衰退时，理应将其在年富力强时所创造的一切成就当作其价值所在。倘若只是由于一个人老了，就把其彻底排除于社会的精神和物质生活之外，这是错误的；而于女性而言，这无疑是一种贬低。试想，当一个花季少女想到自己未来一定要经历这一无奈的人生阶段时，她将会多么担忧、多么郁闷啊！因此说，女性到了五十岁并不代表着偃旗息鼓或毫无价值，一个人的荣誉和价值绝不会伴随着年龄的变化而发生改变，这一点一定要得到保证。

五、两性之间的紧张关系

我们错误的观念造成了歧视女性的不幸现象发生。人类一旦产生偏见，那么这种偏见就会蔓延到社会的所有角落。认为女性是劣势群体的背后，代表着承认男性高人一等，两性关系因为这一谬论而受到严重干扰，其结果就是所有的情爱关系均会陷入异乎寻常的紧张状态，进而威胁到了两性之间的幸福，甚至还让其遭到灭顶之灾。如此，我们的爱情生活也会受到玷污、歪曲、腐蚀。正是因为这种原因，我们极少看到美满和谐的婚姻；也正是因为这种原因，才会让那么多儿童感到婚姻的艰难与危险。

儿童因为对女性的偏见而在极大程度上被蒙蔽了双眼，让其无法充分地认识到人生的面貌。试想有多少女孩会将婚姻当作逃避生活的一个紧急出口；试想有多少男女会将婚姻当作一种必须承受的罪孽。在今天，因为两性间的紧张关系而衍生出来的问题比比皆是。女性越想逃避社会强加于身上的女性角色，男性就越对于扮演特权角色充满了渴望，长久下去，问题会越来越多、越来越难以处理。

建立平等的伙伴关系是让人人都真心诚意地对自己的性别角

色予以认同、让两性关系真正达到平衡和谐的状态的最好办法。在两性关系中，一个人对于另一个人的依附就好像国际关系中一个国家对于另一个国家的屈从，不过从不曾存在任何个人或国家对这种依附或从属地位永远忍受。而且，如果一个人无法正确对待自己及伴侣的性别角色，那么就极可能会给伴侣造成相当大的困扰，所以，我们要对此问题严肃而认真地进行考虑。

在社会生活中，两性关系是必不可少且影响广泛的，原因在于我们人人均要经历这种关系。不过今天，每个儿童均被迫接受了一种行为模式，这种行为模式对异性予以轻视，两性关系因此变得更加复杂。当然，如果可以心平气和地进行正确的教育，那么这些问题就一定可以得到妥善解决。不过，由于我们整体的人生趋势受到了当今社会太多不利因素的束缚，像生活节奏过快、社会过于浮躁，而真正经过检验和证实的教育方式又过少，尤其是不管身处何时何地，我们总要面临诸多竞争，甚至在托儿所时也在所难免。

性别偏见造成相当多的人在爱情面前害怕、退缩。在这一影响下，男性随时随地都想展示阳刚的一面，为此他甚至背信弃义、使坏心眼儿或者动用暴力。可以确定的是，这种做法必定会令坦诚和信任这两个维系爱情所必需的要素受到破坏。唐璜就是此类男人的一个代表，他由于对自己的男子气概缺乏信心，因此借助于不断征服女性来证明。伴侣们因为两性之间普遍存在的不信任而极难坦诚相待，于是整个人类因此受到影响；除此之外，对男子气概过分强调又代表着无休止的挑战、刺激和躁动不安，如此一来，自然会令男性养成虚荣、自负以及摆"特权"架子等不良习惯。

总而言之，所有这一切均和健康和谐的社会生活相悖。由此可见，对于妇女解放运动，我们压根儿不能反对，相反我们有责任支持女性争取自由和平等。原因是女性一定要对自己的女性身份予以认同，而这是妥善解决两性关系问题的先决条件，也是人类可以获得幸福的先决条件。

六、改革的尝试

男女同校制是为改善两性关系而实行的所有措施中最重要的一项。直到现在，这一教育制度还不曾获得普遍认同，存在着支持者和反对者。支持者坚信借助于男女同校制可以令男女双方均获得早早地互相了解的机会；两性倘若可以彼此增进了解，就可以在某种程度上避免诸多偏见的产生，以及由此引发的灾难性后果。

反对者则在反驳时说，男女性别差异早在入学之前就已相当明显，男女同校的结果仅是加剧双方的差别。原因是处于这个时期的男孩的心理发展相比女孩要慢得多，他们会因此承受到极大的压力，他们在此时会突然意识到，从前认为的维护自己的特权并证明自己比女孩能干是天职的想法仅仅是一个一触即破的肥皂泡。还有一些研究者也认为，相比女孩，男孩如果生活在男女同校的教育模式中会显得紧张不安，其自尊心也会因此受到一定的伤害。

可以肯定的是，以上观点均存在一定的道理，但它们均是以两性竞争为前提的，均认为男生和女生在一起一定要分个高低，比一比谁更有能力、更有才华。如果鼓励男女竞争成为教师和学生对于男女同校制的真正意义的共识，那么此项教育制度必定会引发相当多不好的影响。实际上，男女同校制旨在培养男性和女性的合作精神，旨在帮助两性做好准备，令他们在往后的社会工作中和谐相处。如果身为教师无法认清此点，那么男女同校制就失去了理应具有的意义，不管怎样做，它均会以失败而告终。若是如此，那些反对男女同校的人就获得了充分的理由证明自己的观点是正确的。

针对两性之间的诸多不平衡状况，才华横溢的诗人会灵光闪现，用其生花之笔做一番详细而精彩的描述，而我们呢，也不过是将其中的要点讲解清楚而已。众所皆知，青春期的女孩在举止上总是有些羞涩扭捏，就如同自己低人一等似的。实际上，这一点与我们在此前讲过的身体缺陷所造成的自卑感类似，不同之处在于，是环境将自己低人一等的看法强加给女孩的。身处歧视的大环境下，女孩会不由自主地形成这种行为模式，其表现有时甚至会令极富洞察力的研究者们产生误解，认为她的确是低人一等的。

总之，女性低劣这一谬论常常会造成以下后果：不管是男性还是女性，无不急切地追求显赫权力，争着扮演并不适合自己的角色，且为达目的不择手段。那么，最终会导致怎样的结果呢？人类的生活会越来越混乱，人类将没办法再坦诚相待，最终会陷入种种谬误和偏见之中无法自拔，直至想要得到幸福的所有希望化为泡影。

第二部

性格的科学

第一章

概论

一、性格的本质和起源

我们所称的性格，是指个体在努力与外部世界相适应的过程中表现出来的某种独特的风格。作为一个社会性概念，性格仅在个体与其所处的环境互动时，才可以称之为性格。鲁宾孙·克鲁索这样的人到底具备怎样的性格？这种问题是毫无意义的。作为一种心灵现象、一种态度，性格是个体在与自身所处环境打交道时，表现出来的性情和内涵；性格作为一种行为模式，是个体发展自身的社会感并追求优越感时所遵照的行为模式。

我们知道，赢得优势地位、追求权力以及超越他人是个体的终极目标，也正是在这一目标的激励和引导下，个体才能不断地前进。可以说，个体的世界观和行为模式由这一目标决定，个体的诸多心灵活动由其整合为一个风格独特的体系。所以，性格是个体生活方式和行为模式的外在表现形式，借助于观察一个人的性格特征，我们可以从整体上对其所处的环境、同伴、对社会以及对生存挑战所持的态度进行了解。性格也是整体人格为了获得认同并占据重要地位而运用的工具和手段，其在人格中的地位差不多和生活的"技巧"等同。

性格既不是相当多人所认为的来自遗传，也并非与生俱来的，而是一种类似生存模式的东西，人们因这种模式而获得属于自己的独特人格，也因此得以在任何情况下均可以不假思索地生活。换言之，性格并不得自遗传，也不是由上天所赐，而是在维持某种特定生活习性的过程中慢慢养成的。例如，一个孩子特别懒，不过这种懒惰并非天生，而是于他而言，懒惰是一种最适合让其生活变轻松的方式，同时还可以令其保住自己的优越感。

总之，在某种程度上，懒惰体现了这个孩子对权力追求的态度和方式。再例如，有一类人特别愿意在众人面前暴露出自己的先天性缺陷，而对此他们给出的理由是："如果不存在这个缺陷，我的才华必定会大放异彩。不过可惜的是，我的确具有这个缺陷！"显而易见，如此一来，他们就算是失败了，也可以保住面子。还有一类人，他们对权力的渴望无任何节制，所以会没完没了地与周围环境进行斗争，他们在追求权力的斗争过程中，还会发展出一套像野心、嫉妒、不信任等特有的性格特征。

我们认为，与人格相比，这些性格特征不存在任何不同之处，它们均非得自遗传，是可以改变的。深入的研究表明，正是在这种行为模式基础上，性格特征才得以产生，尽管有些性格特征是在一个人出生没多久就已经形成了，不过它们属于次生因素，而非原发因素，其诱发因素是人格中的潜藏目标。所以，我们在对某种性格特征进行判断时，首先一定要弄清楚这一目标的诱发因素是什么。

现在让我们一起来对之前的讨论进行回顾。我们已经证实，个体的生活方式、活动、行为和世界观均与其目标密切相关。倘若一个人心中不存在一个明确的目标，那么他就无法思考，也无法行动。这一目标藏身于心灵最深处，其心灵的发展在个体刚一出生时就会得到它的指导，并令其人生获得了某种特定的模式和风格。因为个体生命中的任何活动和表现均指向了这样一个一定会存在的独特目标，因此人人均会和他人不同，成为独一无二、有独立思考能力的个体。倘若我们可以认识到这一点，就会明白以下道理：倘若我们可以掌握一个人的目标和行为模式，我们就可以认清此人，并将其言行举止的真实意义看穿。

就心灵表现和性格特征而言，遗传所起的作用相当微弱，原因是关于性格来自遗传这一说法在现实生活中极难找到充分的证据。不过，倘若追本溯源地对个体心灵活动中的某些现象进行研究，我们就会发现，这一切似乎又的确如同代代相传而来的。实际上，一个家族、一个国家或一个种族均会拥有一些共同的性格特征，这其中的原因相当简单，即这些性格特征来自人们互相模仿、彼此认同。

人的生理和心灵中的确存在着某些事实、某些特性、某些表象或形式，人的模仿行为正是由这些东西的共同特征激发出来的，所以对每位青少年均有着极其重要的意义。例如，求知欲有时会以一种看的欲望的形式表现出来，这就有可能会令视觉器官存在缺陷的儿童发展出好奇心。

当然，并非每个有视觉缺陷的儿童都会发展出这种性格特征，原因是儿童的行为模式各有其特点，儿童受其行为模式的影响，纵然是相同的求知欲也会存在发展成另外一种截然不同的性格特征的可能性。换言之，视觉存在缺陷的儿童或许会形成热衷于格物致知的性格，也或许会发展成十足的书呆子。

我们可以按照相同的方式对存在听觉缺陷的儿童所抱有的不信任态度进行分析。在我们的社会中，此类儿童所面临的危险常常比正常人要多，因此他们一定会发展出一种特别敏锐的注意力以感知危险。除此之外，此类儿童经常会遭到他人的歧视，受到他人的嘲弄，还极易被看作残废。他们不信任的态度均由这些因素造成。既然存在听觉缺陷的人无法享受到人生中那么多的乐趣，那么他们对这些乐趣心存敌意就相当正常了。由此可见，倘若有人认为其不信任态度是天生的，那么这种看法就不存在任何说服力。

同样的道理，倘若有人认为犯罪性格是天生的，这就是大错特错的想法。有些人会以相同的一个家庭中出了好几个罪犯为证据，以坚持犯罪性格乃是天生的或遗传的这一错误的观点。这是因为，生活在这样的家庭中，孩子会找到某种对待世界的错误的态度、榜样和传统，进而耳濡目染，自然而然地形成偷窃等不良行为是一种谋生手段的错误观点。

同样，追求认可和优越感的方式也是如此。每个儿童在成长过程中均会遇到无数困难，因此一定会对这样或那样的优越感极力追求；而且，追求优越感的方式一般因人而异、各有不同，所有的儿童均在这方面有自己独特的处理方式。儿童的性格与其父母有相似之处，关于这一点极易解释，原因是在追求优越感的过程中，孩子会将自己周围那些已经具有一定影响力且受人尊重的人作为理想的榜样。每一代人均是借助于这种方式向前辈学习，并在追求权力的奋斗过程中学到相当多的东西，进而将这些东西代代相传下去。

对优越感的追求是一个极其隐秘的目标，原因是它不会获得社会感的允许而得以公开表现出来。换言之，对优越感的追求理应于暗中进行，理应让其隐藏在友好的面具之后。不过，我们必须要强调一点，即倘若人类可以对彼此多了解一些，那么就不会对优越感产生如此强烈的追求感，甚至发展到了如火如荼的地步；倘若人类可以进步到人人均具慧眼，均可以透彻地洞悉世人的性格，那么我们一方面可以更好地保护自己，另一方面可以抑制他人对权力的追求，从而让其觉得这样做必定是徒劳无功的。总之，倘若可以做到这一点，那么隐藏在人们内心深处的权力欲必定会偃旗息鼓。所以，我们倘若可以对人的诸多表现深入研究，对人与这个世界的诸多联系深入研究，并且利用已经获得的研究成果，那么我们必定会取得极好的成绩。

人类所处的文化环境是如此错综复杂，所以一个人倘若打算游刃有余地应对人生中的诸多问题，那么仅靠学校教育是极难办到的。按道理来说，学校教育就培养心灵、增加智慧而言，绝对是最好的方法，原因是普通人通常极难做到这一点。不过，截至目前，学校存在的唯一价值不过是把生硬的知识原封不动地放在儿童面前，任由其去吸收那些他们可以或者愿意吸收之物，却根本不注重对其知识兴趣的激发。而就算是这样的好学校，其数量也少到了无法满足人类社会需要的程度。此外，我们还忽略了以下问题，即就理解人性方面而言，最重要的前提是什么。我们于旧式学校里学到了如何衡量人，学会了怎样将善恶区分开，怎样辨别是非，却不曾学到如何调整和修正自己的观念，后果就是每个人的人生均会被这一缺陷所沾染，直至今天我们还不曾摆脱这一缺点的恶劣影响。

成年之后，我们还会沿用儿时形成的偏见和谬误，就如同它们是神圣不可侵犯的金科玉律一般。我们还不曾意识到，我们已经陷入了错综复杂的文化困扰之中；也不曾意识到，那些我们原本认为将事物本来面目揭示出来的观点实际上压根儿不曾将任何真相告诉我们。总之，我们对每个事物均反复解释的目的仅仅是为了增强个人自尊心并获得更多的权力罢了。

二、社会感对性格发展的重要性

社会感是一个人的性格发展中，除了对权力和优越感的追求之外发挥作用的另一个重要因素。社会感和追求优越感一样，均在儿童早期的心灵活动中有所表现，例如，儿童通常会对与他人在一起充满渴望，也会对从他人那里获得温情充满渴望，很明显，这就是社会感的一种体现。在此之前我们已经对促进社会感发展的诸多条件进行了讨论，在此先做一些简要回顾。社会感不但受到自卑感的影响，而且也受到权力追求（也就是对自卑感的补偿）的影响。人类特别容易产生诸多类型的自卑情结，而在人类的心灵发展过程中，自卑感一出现，紧随而来的就是那种寻求补偿、寻求安全和完善的欲望，其目的相当明确，那就是为了将人生的安宁与幸福牢牢抓住。

在儿童教育方面存在着相当多的行为规范，它们均是以照顾儿童的自卑感为出发点的，概括地说差不多遵循以下原则：不能令儿童过多地面对生活的严酷，不能令其过早地了解生活的阴暗面，一定要让其获得体验到生活的乐趣的机会。当然，倘若想做到这一点，的确需要一定的经济条件。不过话又说回来了，儿童常常无须在严酷环境中成长，换言之，儿童所遇到的误解、贫穷、匮乏等现象原本是可以避免的。除此之外，其身体缺陷在其中所起的作用也相当重要，这是由于身体缺陷一定会导致一种不正常的生活方式，进而令儿童认为其仅能获得特殊待遇，仅能在特定法规的保护下才可以生存下去。不过，就算是我们可以替身体存在缺陷的儿童提供这一切，也必须要面对以下事实，即他还是会感受到生活的艰难，进而对当前的生活充满厌恶之情，而这种厌恶之情反过来又会将其社会感扭曲，从而令其处境更加危险。

倘若打算对一个人的价值予以正确的评价，那么就要看其具有多少社会感；同样的道理，对其思想和行动的衡量也是如此。坚持这一观点的原因就在于人类社会中的所有个体均要与社会保持联系，而我们可以由此必要性的多少认识到，人人对自己的同类理应负有一定的义务和责任。因为我们所有人均置身于人类社会，并且受社会生活规律的支配，于是我们就一定要依据某种公认的标准来对人的价值进行评价。我们认为：衡量一个人价值的唯一标准就是这个人社会感的发展程度，这是一条放之四海皆准的标准。

我们必须承认，人类对社会感存在着极大的依赖性，不存在任何一个人可以将自己的社会感彻底摒弃，社会感时刻提醒我们、劝诫我们，我们无任何理由将对同伴应负的责任彻底摆脱。当然，这并非说社会感会时刻萦绕于我们的意念之中。不过我们可以肯定的是，任何人打算歪曲社会感或者将之搁置一旁、置之不理均是无法办到的，一定要在一定的推动力下才行；既然潜藏于潜意识中的社会感要求我们一定要对自己的每一个行动和想法的合理性予以证明，那么这至少说明了人人均可以想方设法地替自己的行为找到合适的理由。于是，我们就会于生活、思想以及行动方面发展出诸多特别手段，从而让自己的社会感得到满足，或者至少可以让我们假借社会关联性这一幌子来自欺欺人。

总之，大家会发现，一种貌似社会感的假象存在于人的身上，它好像一层面纱，将人的某些倾向遮蔽了，而我们仅能洞察到这些倾向，从而对某个行为或某个个体做出正确的评价。对社会感的评估因为这种带有欺骗性的假象而增加了难度，不过恰好因为存在着不同类型的困难，我们才会在对人性问题进行研究时小心求证，运用严谨的科学方法。以下几例就是用以说明社会感是怎样被误解的。

以下是一个年轻人讲过的事：他和几个同伴在大海中游泳，游到了一个岛上，然后在那里略作休息。其中一个同伴斜靠在悬崖边上，不小心失去平衡掉进了海里。于是年轻人就探出身，满怀巨大的好奇心看着其同伴沉下去。后来，当他回想起此事时，坚决认为自己当时的做法纯粹是出于好奇心。幸运的是，那个掉进海里的年轻人最终被救了上来。不过我们可以肯定的是，讲这个故事的年轻人的社会感必定相当淡薄。据说他从不曾伤害过任何人，而且平时和同伴的关系还相当好。就算是这样，我们也不会轻易被其蒙蔽，我们绝对不会相信他是一个具有强烈社会感的人。不过这是一个相当大胆的假设，还要用更多的事实加以证实。

这个年轻人经常会做这样一个梦。在梦中他发现自己远离人类，身处森林深处一间美丽的小木屋里，而这一画面恰好是其在绘画时格外喜欢采用的一个主题。实际上，他缺乏社会感这一点因这个梦而得到进一步的证实。你仅需弄清楚幻想代表着什么，你仅需略微了解这个年轻人的成长经历，就可以轻松地看清他的为人。我们在不带任何道德判断的前提下完全可以断定，因为这个年轻人的发展方向存在错误，所以他的社会感也会受到极大的影响，不曾获得充分的发展，而他本人此后必定会因此吃苦头。于他而言，这样的评价可谓恰如其分。

再来看一则逸事。它相当充分地说明了真正的社会感与虚假的社会感二者的本质区别。一位老太太在下公共汽车时滑了一跤，摔倒在雪地里，她无法依靠自己的力量爬起来，而来往的路人皆行色匆匆，对其视若无睹。后来，一个男人走到她身边，将她扶了起来。此时，躲在一旁的另外一个男人窜了出来，对这个助人为乐的男人说："感谢上帝！我终于等到了一个正直的人。我在这里足足站了五分钟，就想看看是不是有人可以将这位老人家扶起来。结果，你是第一个这样做的人！"这件事将有些人是怎样打着社会感的名义做事的行为揭示了出来。这个人借助于这种一眼就可以看穿的小把戏，让自己高高在上，俨然成了评判是非功过的法官，而其本人却可以袖手旁观，从不打算对他人施以援手。

还有一些情形相当复杂，其中的社会感到底是强还是弱、是真还是假相当难判断。遇到这种情形，我们倘若想拨云见日，弄清真相，唯一可做的就是仔细观察、认真分析。例如以下这种情形：某位将军虽然认识到失败是必然的结局，但还是逼着数以千万的士兵去做无谓的牺牲。他固然可以声称此举全是出于国家利益的考量，也的确可以赢得相当多的人的赞许，不过，在我们看来，无论他如何为自己辩护，仍旧无法成为一个好的伙伴。

身处此类难以确定的情形下，倘若想做出正确的判断，我们就要采取一个普遍适用且一定要符合社会利益和大众幸福（或者可以用"公共福利"来称呼）的立场。倘若采取了此立场，我们就不会在判断个别情形时感到为难了。

个体社会感的强弱程度体现在其一举一动之中，特别是体现在其外部表情上，例如一个人看人的方式以及与人握手或说话的方式。正是借助于这种方式，个体的整体人格得以体现并给对方留下深刻的印象，而我们一般则可以借助对其一举一动的感受判断其为人。我们凭直觉对一个人的言行举止做出的判断相当重要，有时候我们的态度会在极大程度上受其影响。所以，在此所展开的一切讨论就是为了把直觉认识引入意识领域，然后对其进行检验和评价，进而实现防患于未然的目的。从潜意识向有意识转化的重要性和价值就在于可以令我们减少错误偏见的影响（须知，在潜意识中，我们对于自己的行动是无法控制的，而且也不会获得自我修正的机会，因此如果任由潜意识来促成我们的判断，那么错误的偏见必定会越来越严重）。

我们在这里要反复强调的是，如果想对一个人的性格做出公允的评价，就一定要了解其成长经历和生活环境。如果我们对此人人生中的某个单一现象产生了误解，而且还将其孤立地进行了判断，例如仅考虑其身体状况，或者仅考虑其生活环境，抑或教育背景，那么我们就一定会获得错误的结论。

我们在此处所讨论的东西相当有用，这是由于人类可以在它的帮助下减轻相当多的负担。如果人们可以对自己进行更深入的了解，同时再掌握一定的生活技能，那么就一定会形成一种更符合其自身需要的行为模式。个体会因为我们的方法而受到极大的影响，特别是儿童，我们的方法可以令其获得更好的发展，还可以令其不至于承受着使之被压垮的盲目命运。倘若可以正确运用此处所讲的东西，那么个体便会让自己免于由于出身于不幸的家庭、带有遗传性缺陷或者身处恶劣环境而注定背负一辈子的痛苦和不幸。倘若可以做到这一点，我们的文明就会向前迈出决定性的一步！于是一代新人就可以勇敢而自觉地成长起来，进而意识到自己方为命运的主人！

三、性格发展的方向

　　一个人的主要性格特征必定与这个人童年时期的心灵发展方向相符。这一发展方向或许是一条笔直的线，或许是一条迂回曲折的线。最初，儿童为了实现自己的目标沿着一条直线而奋斗着，在奋斗过程中，他渐渐地形成了积极进取、敢作敢为的性格。通常情况下，在其成长的开始，性格均具有积极进取的直线特征，不过这条直线却相当容易发生变化，原因就在于儿童在其成长过程中注定会遇到不同类型的障碍和困难，而这些障碍和困难极可能会采用直接攻击的方式对儿童追求的优越感的目标进行阻挠。在这种情况下，儿童会为了避开这些障碍和困难而竭尽全力地运用迂回的手段，在其性格的形成过程中，这一迂回前进的做法就起到了决定性作用。

　　器官发育不良、周围环境的排斥和打击等这些性格发展过程中的其他障碍，均会对儿童产生重大的影响。当然，对儿童性格的发展同样还存在一些起着相当重要作用的因素，像社会大环境、世态人情以及遇到的教师，等等。教师通常会向学生提出各种要求和问题，同时也会表现出对学生的关爱之情，这最终影响了儿童的性格，因为每一种教育手段灌输给学生的均是经过精心设计的原则和态度，为的是让学生的发展可以与其所处时代的社会生活和主流文化在方向上保持一致。

　　性格的直线发展会受到成长过程中遇到的所有障碍的威胁，

只要存在障碍，儿童实现权力目标的道路就多少会偏离原来的直线。最初的时候，儿童通常不让其态度受到干扰，会直面眼前的障碍。不过很快，他就会彻底变成另外一个人，他清楚一定要小心火，原因在于人会被火烧伤，还清楚自己一定要对一些对手小心应对。再往后，出于获得认可、获取权力的目的，他会放弃原来直线的道路，进而用上了心眼、耍起了手段，彻底踏上一条迂回曲折的心理路程。

可以说，其整体发展与这种偏离的程度密切相关。至于其是不是谨慎过度，是不是认为自己的所作所为均与生活的要求相符，或是已经将这些要求避开了，都要由以上提到的诸多因素所决定。倘若儿童缺少直面自己的任务和问题的勇气，倘若其变得怯懦畏缩，畏惧直视他人的眼睛，或者是不愿意实话实说，那么这就证明他失去了最初那种坦诚勇敢的精神，证明其已经彻底成了另外一种人。不过，此类儿童的目标和那些勇敢者的目标是一样的，就算二人各行其是，他们也极可能拥有相同的目标，这就是所谓的"殊途同归"。

或许在某种程度上，一个人的身上会同时存在着两种性格。尤其是在儿童的发展趋向还不曾明确定型的时候、在其立场还具有一定可塑性的时候、在其不愿意一条路走到黑的时候、在其首次尝试失败就主动寻求其他道路的时候，他极易拥有两种不同类型的性格。

要想让儿童有足够的能力去适应社会生活的要求，前提便是营造一种平静和谐的公共环境，原因是儿童身处这样无敌意的环境中，我们就可以轻松地教其适应社会。而这就要求父母倘若想在家庭内部营造出真正的和睦氛围，就一定要缩小自己对权力的追求，使之减小到最低限度，如此才不会给孩子造成过重的心理负担。除此之外，父母最好还要对孩子的成长规律有所了解，这有利于成功避免存在于孩子身上的直线型性格不会变得过于突兀和剧烈，例如勇气有时会堕落成厚颜无耻，独立则有可能会堕落成赤裸裸的自私自利；而且，这还可能会消除一切外来的、强制性的权威打在孩子身上的不可磨灭的烙印。

如果身为父母者根本不清楚孩子的成长规律且习惯于在教育孩子时采用强制性手段，在孩子面前树立权威形象，那么就会让教育变得有百害而无一利，即这种方法或许会令孩子变得沉默寡言、自我封闭，畏于面对现实，畏于承担坦诚所带来的种种后果。总之，在教育儿童的过程中，给儿童施加压力乃是一种错误的教育方式，它会造成顺服的假象，须知强权下的服从仅仅是表面上的服从罢了。儿童与其周围环境的关系的好坏，在其成长过程中所遇到的障碍会对其造成何种影响，这一切均对其心灵世界和整体人格造成直接影响。不幸的是，儿童一般都缺乏判断外界影响的能力，而他周围的成年人对这些影响不是一无所知，就是根本无法理解。于是，儿童会面临诸多障碍，并对此做出一定的反应，而其人格就在此过程中慢慢形成了。

我们还可以在对人进行分类时采用另外一种方法，那就是人们对待困难的态度。首先是乐观主义者，这类人的性格总体上是沿着直线发展形成的。他们能勇敢地面对所有困难，不将困难放在心上；他们对自己充满信心，对人生持乐观的态度；他们极具自知之明，所以对生活不存在过多的要求，并且他们也绝不会妄自菲薄或自怨自艾。所以，相比那些在困难面前表现出软弱无能的人而言，乐观主义者可以更加轻松自如地承担人生道路上的诸多困难；就算是在最困难的时候，他们还是泰然自若，相信一切均会变好。

我们可以借助于观察一个人的言谈举止以确定其是否是一个乐观主义者。通常情况下，乐观主义者均无所畏惧、畅所欲言，而且还表现得不卑不亢。倘若用相当形象生动的语言来形容这类人，那么我们会这样说："他们将双臂张开，随时打算将自己的同伴拥抱。"乐观主义者对人无戒备心、不多疑，所以显得更加平易近人，极易交到朋友。他们快言快语，其风度、举止以及步态舒展自如，相当自然。当然，纯粹的乐观主义者在生活中特别少，或许仅在天真无邪的童年时期才会存在吧。不过话又说回来了，倘若可以具备一定程度的乐观精神和社交能力，那么几乎就可以称得上是一个乐观主义者了。

悲观主义者是和乐观主义者截然相反的一类人，而他们的身上反映了教育方面最棘手的问题。这类人因为幼年的经历和印象一般会形成"自卑情结"，于是每当他们遇到困难的时候，就会认为生活并非一件特别容易的事情。受悲观情绪的影响，他们习惯于看到生活的阴暗面，而之所以存在这样的表现，是因为他们在儿时一度受到过错误的对待。相比乐观主义者，他们更容易感受到生活中的困难，所以更容易丧失勇气，更容易产生不安全感。在不安全感的折磨下，他们总打算向他人寻求支持和帮助。我们可以清晰地由其各种言行举止中感受到那种对帮助的强烈渴求。例如，他们不能忍受一个人独自待着；如果是小孩子，他们会一直吵着要妈妈，一旦妈妈不在身边，他们就会哭着闹着找妈妈，这种找妈妈的哭喊声甚至在其垂暮之年也会经常萦绕于心、无法挥去。

悲观主义者通常极其小心谨慎，有时甚至到了不同寻常的地步，关于这一点，我们可以从其畏首畏尾、提心吊胆的表现中看到。他们总是左思右想，想象着诸多潜在的危险。从这一点可以看出，其睡眠必定很糟糕。实际上，睡眠是衡量一个人发展好坏的重要标准，倘若一个人睡不安稳，那就是其过分小心，生活在不安全感的折磨下的表现。为了躲避生活中的危险，这类人会时刻保持着高度警觉，甚至连睡觉的时候也如此。看看，其人生乐趣真是太少了！其对生命的理解又是多么浅薄！如果一个人睡眠不好，那么其生存能力也会相应变弱。如果他的担心得到了证实，那么他必定更加无法入睡，原因是倘若生活当真如其想象中那样悲惨，于他而言，睡觉就是一件奢侈而多余的事了。实际上，悲观主义者的睡眠问题和睡眠本身不存在任何关系，他仅仅是对睡眠之类的自然现象持抗拒态度而已，而出现这种现象的原因就在于他还不曾完全做好应对生活的准备。除此之外，倘若一个人总是对房门是不是锁好充满担忧之情，或者总是做些和盗贼或强盗相关的梦，我们也可以从中发现此人具有悲观主义倾向。一个人是否是悲观主义者，我们还可以由其睡姿辨别。有的人睡觉时习惯于蜷作一团，有的人则喜欢将头用被子捂住，这均是悲观主义者的做法。

进攻型和防御型也是我们划分人的性格种类的方法。举止激烈、行为豪放是进攻型的主要特征。这类人在勇气十足的时候，为了可以将自己的能力以光彩照人的方式向世界展示出来，或许就会把勇敢变成莽撞，而这恰好将他们深受不安全感困扰的问题暴露出来。当他们焦虑不安的时候，他们会让自己变得强硬而冷酷，用此方法将内心的忧惧冲淡。他们会故意拿腔拿调地扮演"男子汉"的角色，有时这种刻意甚至达到了荒唐可笑的地步；其中的一些人更是费尽心思将自己压抑起来，避免将任何的温情和柔情表现出来，因为在他们看来，这些表现均是软弱的情感的体现。

这类人或许还会表现出野蛮和残忍的品质，如果同时又具有悲观主义倾向，那么他们和周围环境的每一种关系均会随之而改变，他们会与整个世界针锋相对，原因是他们不但缺乏同情心，同时还缺乏合作能力。与此同时，因为他们的自我感觉又相当好，所以他们总是摆出一副扬扬得意、目空一切、妄自尊大的样子。他们自大、骄傲，如同自己就是真正的胜利者一样。不过，他们所做的一切是那么露骨，行为是那么夸张，就好像建造在流沙上的楼阁一样，这不仅令他们与整个世界之间表现得极为不和谐，而且还将他们全部的性格缺陷暴露出来。就这样，进攻型态度形成了，而且这种态度极可能会越来越膨胀。

这类人以后的发展会存在一定的波折，原因是这类人并不受人类社会的欢迎，他们会因为露骨的做派而无法获得他人的好感。他们全心全意地向着实现自己的优越感的方向努力着，不过很快就会卷入和其他人的纷争之中，特别是和如他们这样的人一起时，因为他们的所作所为会将对方的竞争意识唤醒。于是，于他们而言，生活必定会成为一场无休止的战斗，而一旦遭遇到无可挽回的失败，从前的成功和胜利所带给他们的全部喜悦就会马上消失得无影无踪。可以说，这类人极易因害怕而惊慌失措，竞争力也不强，而且还缺乏东山再起或力挽狂澜的能力。

这类人会因为前进道路上所遭遇的挫败而发生逆转，从而改弦易辙，转而发展成另外一种认为自己受到了侵犯的性格类型。前文所说的第二种性格类型（也就是防御型）的人即这种认为自己受到了侵犯、一直处于防御状态的人。他们用焦虑、戒备和怯懦来对不安全感的缺失进行补偿，而不是采用进攻的方式。可以肯定的一点是，这种性格类型与刚才所描述的进攻型性格类型的关系极其密切。当进攻型的人发现自己无法继续维持进攻姿态时，其性格就会变成防御型。防御型的人极易被艰难困苦吓坏，进而由这些困难演绎出悲观绝望的结论，接下来就会临阵脱逃。有时他们也会用巧妙的方法掩饰这一弱点，其表现就如同自己的临阵脱逃仅是为了从事更有意义的事情一样。

所以，当这类人沉浸于对往事的回忆中时，当其信马由缰地让自己想入非非时，实际上仅仅是打算逃避现实对自己的威胁。当然，他们当中的确存在一些人在彻底失去进取心后，还会做出某些对社会来说或许有一定可取之处的事情。相当多的艺术家就属于这种类型的人。这些人脱离现实，靠幻想替自己营造了一个自由自在的理想世界。当然，这类人毕竟为少数，他们仅仅是防御型性格的人中的一个特例罢了。通常情况下，防御型的人比较容易在困难面前屈服，而且极易不停地后退，不断地承受失败；他们认为这是一个充满了敌意的世界，除此之外别无他物，因此对任何人和事均会心存恐惧，总是表现出一副忧心忡忡或胆战心惊的样子。

不幸的是，因为受到他人的错误对待，这类人在人类社会中，其防御态度会不断得到强化，于是没过多久他们就会对人类的美好品质以及生活的光明失去信心。直白的批判态度是这类人身上一个最普遍、最典型的特征。当他们身上的批判态度滋长到极度激烈的程度时，他们就会对他人身上最为不明显的缺点感到异常敏感。他们将自己放在人性的法官的位置上，却从不替周围的人做任何有用之事，每天仅是对他人指手画脚，吹毛求疵，败坏他人的兴致。他们对所有的事情心存疑虑，一直以一种既焦虑不安又犹豫不决的心态对待一切，以至于但凡面对工作，他们就会迟疑不定，好像极难做出任何决定。倘若要对这类人进行形象地描画，那么我们所能想象到的画面就会如下：一个人将一只手举起做防御状，同时用另一只手将双眼蒙住，如此一来他就可以避免看那些可怕的危险了。

这类人还具有另外一些令人讨厌的性格特征。众所周知，一个连自己都怀疑的人是绝对无法信任他人的，而且他们必定会萌生出嫉妒和贪婪之心。这种对世界的怀疑态度一般会让他们过着一种远离社会、遗世独立的生活，而这恰好表明他们不但不愿意替别人提供快乐，也不愿意与他人分享快乐。更夸张的是，他们甚至无法看到他人的好处，他们会因为别人的幸福而痛苦万分。他们中的一些人或许会借助于某种百试不爽、行之有效的手段以获得凌驾于他人之上的优越感，同时为了维持这种优越感，他们或许还会极尽所能地形成一种特别复杂的行为模式。这样一来，倘若从表面上看，人们根本不会想到他们事实上对人类心怀极深的敌意。

四、气质和内分泌腺

"气质"一词久已有之，其作用在于对人的心灵特征和表现进行分类。不过，人们通常极难将"气质"这一概念到底是指一个人思考、说话或行动的敏捷度，还是一个人做事时表现的力量或节奏说清楚。借助于研究，我们发现心理学家们对气质的论述绝对都是一家之言，不具备让人信服的证据。当然，我们一定要承认，科学界从来就无法摆脱掉"气质"之说的影响。这种把人划分为四种不同气质类型的方法历史久远，可以上溯到远古时代，早在那时人们就开始了对心灵的研究。具体而言，气质的这种划分法的发源地是古希腊，当时希波克拉底把气质划分为多血质、胆汁质、抑郁质和黏液质四种类型，后来罗马人继承了这种划分法，此后就一直沿用至今，进而成为一笔宝贵而神圣的文化遗产在我们的现代心理学领域发挥作用。

通常情况下，多血质的人的生命中会充满欢欣鼓舞，他们不会将事情看得过重，也不会令自己沉浸于忧愁之中无法自拔；他们看事物总是看其愉快而美好的一面；他们在该悲伤的时候悲伤，不过却能哀而不伤，不会于悲伤中彻底崩溃；他们在该快乐的时候快乐，不过却乐而不淫，不会让自己被快乐冲昏了头脑。以上描述说明，这类人绝对是心智健康之人，你不能在其身上找出任何大的缺陷来。不过对于其他三类人，我们就无法如此肯定了。

倘若要用形象化的语言对多血质和胆汁质这两种类型的人进

行描述，我们可以这样说：多血质的人在面对前进道路上的绊脚石时，会轻松自如地从旁边绕过，而胆汁质的人则会飞起一脚，将石头使劲踢开。借助个体心理学的话，胆汁质的人极力渴望权力，因此其举止相对显得更加强悍一些，同时喜欢将自己的力量随时随地展示出来，喜欢用直白的方式和手段去战胜各种困难。事实上，这类人的激烈作风在其童年时期就已表现出来，那时的他们由于软弱无力、缺乏权力感，所以需要不断地将自己的力量展示出来，以证明它的确是存在的。

抑郁质的人和前两类人给他人留下的印象截然不同。我们依旧以此前提到的石头为喻。当抑郁质的人发现石头的时候，他们会想起自己过去发生的一切事情，会陷入替逝去的人生惆怅的伤怀，甚至还会转身返回。个体心理学把这类人看作典型的犹疑型神经症患者。他们对克服困难或向前冲没任何信心，不喜欢接受新鲜事物，宁愿选择原地踏步也不喜欢向目标挺进（此类人就算是在向前走，不过其每迈一步均会小心翼翼，如履薄冰）。怀疑永远是其人生中的主要角色。他们想得最多的不是他人，而是自己，所以极难融入社会，极难体验到生活的丰富多彩。他们让自己完全沉浸于个人的喜怒哀乐之中，不是专注地回忆过去，就是反复地做着无谓的自我剖析。

通常情况下，黏液质的人是生活中的局外人。他们蜻蜓点水般走过人生，看遍无数景象，不过却全无心得；他们不会对任何东西感兴趣，也不会结交朋友。总之，他们和生活差不多不存在任何联系，可以说，此类型的人或许是这四种气质类型当中与人生责任距离最远的那类。

如此一来，我们就可以获得如下结论：仅多血质的人才能称为完美之人。不过，我们极难对一个人的气质进行非黑即白的界定，这是由于在绝大多数情况下，一个人的身上均会混合着一种以上的气质。这一点足以证实气质学说的存在是荒谬无理的。而且，不管是"类型"还是"气质"均是变动的，有时候某种气质极可能演变为另外一种气质。而这种情况在生活中并不少见，例如一个人儿时属于胆汁质，成长过程中或许会转变为抑郁质，而最后他极可能成为黏液质。至于多血质的人，他们儿时极少存在自卑感，也极少存在严重的身体缺陷，而且性情平和镇定，所以其发展通常相当平稳，他们会以满腔热情，步履稳健地在人生的道路上前行。

不过，从现代科学的角度而言，气质说的确很难让人信服，原因在于科学研究证明内分泌腺决定了人的气质。内分泌腺的重要性就是医学的最新成果所确认的对象之一。甲状腺、脑垂体激素、肾上腺、胰腺、睾丸和卵巢中的间质腺以及其他一些组织构成了内分泌腺。当前，我们对这些内分泌腺的具体功能并不是相当了解，不过我们清楚，就算是它们缺少输送管，还是可以把分泌物直接输入血液中的。

通常认为，内分泌物会把血液输送到人体的所有细胞里，所以人体的每个器官和组织在生长及活动过程中必定会受到内分泌物的影响。此类内分泌物的作用与催化剂和解毒剂一样重要，是生命必需之物。由于现在我们对内分泌的了解还不够全面，关于内分泌的研究才刚刚起步，所以此方面的证据和资料相当少。不过话又说回来了，既然此门年轻的学科已经确立，既然此学说认为内分泌物决定了性格和气质，那么我们就要就此方面多发表些看法了。

让我们首先来看一个反对意见。如果一个人患有呆小病（这是由甲状腺功能低下引起的），那么我们一定会发现，无论此病人的实际病征怎样，仅从其某些具体表现来观察就可以发现黏液质的人存在相当多的相似之处。此类病人的外部病征通常表现如下：全身肿胀，发质不健康，皮肤粗糙，行动迟缓且无精打采。除此之外，其心灵敏感度也显著降低，其主观能动性也差不多丧失殆尽。不过，如果现在把一个不患有任何甲状腺类病理变化的黏液质类型的人和一个呆小病患者进行比较，我们就会看到两个风格迥异的画面，这实际上就是两种截然不同的性格特征。所以，我们可以称甲状腺分泌物中或许存在着某种对于维持正常心灵活动有帮助的物质，却无法声称甲状腺分泌物缺乏是形成黏液质的必要条件。

病理型黏液质与人们习惯上所称的气质型黏液质是截然不同

的两回事；心理学意义上的黏液质和个体的心路历程密切相关，因此，此类人不管是在性格上还是在体征上均与病理型黏液质的人截然不同。心理学意义上的黏液质类型根本不属于安静祥和的一类人，他们经常会产生深刻而激烈的反应，而且其气质极易发生变化，没有一个黏液质的人会终生属于黏液质。我们还发现，他们的这种气质仅仅是一张人造的外壳，是那些过于敏感的人替自己修筑的一道防御工事，是他们将自己与外界隔开的一道高墙。因此可以想见，在此类人的内心深处也许根植着一种可以保护自己的环境的执着信念。总之，黏液质属于一种防御性机制，是对生存面对的挑战的一种别有用心的回应。就此角度上的意义而言，黏液质与那些由甲状腺功能低下引起的、以迟缓懒惰和机能不全等症状为外在表现的呆小病是截然不同的。

有些人不但患有甲状腺分泌不足的病症，同时还具有鲜明的黏液质特征，因此会让人产生好像是内分泌失调直接导致其形成了黏液型气质。就算是这样，我们依旧认为心理学意义上的黏液型气质与由于甲状腺功能低下而引起的病理型黏液质是截然不同的。不过话又说回来了，问题的重点并非各种黏液质症状之间的区分，而是甲状腺分泌不足现象背后的众多复杂的后果。

例如，倘若一个人患有甲状腺功能低下症，那么其全身的器官活动再加上诸多外部影响就会令其产生自卑感，他就会因为这种自卑感而形成黏液型气质，原因是其自尊仅在黏液型气质的保护下才会避免受到侮辱和伤害。由此可见，我们当下专门讨论的仅仅是一种我们此前已经大致描述过的性格类型，而形成这种类型的原因之一甚至可以追溯到甲状腺功能低下这一问题上。这种特殊的器质性缺陷或许会导致一连串的恶劣后果，例如它会将个体的生活态度扭曲，会令个体竭力去寻找某种心灵补偿方式，而黏液质习性恰巧就是一个可以随手而得的好办法。

为了对我们的观点进行进一步的证实，接下来我们就以甲状腺机能亢进而引起的巴西多氏病为例，再来对其他类型的内分泌失调以及由此而形成的病理特征和气质类型进行分析。这种病的体征表现如下：心跳过速，脉搏加快，眼球突出，甲状腺肿大，或轻或重具有一些极端倾向，手极易颤抖。因为甲状腺机能失调会对胰腺以及其他脏器造成影响，此类病人还极易出汗，其胃肠功能一般也不怎么好。除此之外，此类病人特别敏感，极易激动，举止急躁，同时还伴有明显的焦虑倾向。

可以确定的是，典型的突眼症甲状腺肿大患者和过度焦虑者的症状特别相似，不过我们并不能因此就断定甲状腺肿大症与心理学意义上的焦虑是同一件事。此类病人所表现出的像焦虑、易疲劳、极度虚弱、缺少足够的精力从事体力或脑力劳动等诸多生理和心理现象，是在心理因素和器官因素的双重制约下形成的。倘若将甲状腺肿大患者和焦躁不安的神经症患者进行仔细地比较，就可以发现此二者是截然不同的两种人。

那些因为甲状腺机能亢进而导致精神亢奋的人，其焦躁不安的性格特征的形成，完全是由于其长期处于亢奋状态中，受到了相当多的甲状腺分泌物的刺激。相比之下，那些易激动、急躁、焦虑不安的神经症患者与他们存在明显的不同之处。此类神经症患者绝对属于另外一种类型，其从前的心灵发展状况差不多决定了他们的状态。就行为举止而言，甲状腺功能亢进的人必定和焦虑的神经症患者存在相似之处，不过二者之间存在着一个本质区别，即前者的行动通常缺乏计划性和目的性，而这正好是其性格和气质的根本标志。

我们还需要在此对其他内分泌腺进行讨论。通常情况下，内分泌腺和睾丸与卵巢之间存在着极大的关系。我们的观点是，倘若内分泌腺出现反常现象，那么就一定会伴有生殖腺（或称之为性腺）的反常现象。这一点已经获得生物学界的公认，成为一条基本原则。不过，存在这种特殊的依存关系的原因是什么呢？这两种反常会同时出现的原因是什么呢？针对这些问题，我们的研究至今还不曾获得确切的结论。不过，我们在对有关性腺的病例进行研究时发现，一个存在这种缺陷的人常常极难适应生活，相比其他人，他更需要依靠心灵补偿和心理防御机制来加强自己的适应能力。因此我们认为，由这些内分泌腺存在器质性缺陷的病例中获得的结论与从其他器质性缺陷中获得的结论理应相同。

我们从那些热衷于内分泌腺研究的学者处获知，性腺的机能对性格和气质的形成起着重大作用。不过，睾丸和卵巢的腺素出现严重反常的情形极其少见，换言之，病理性退化仅仅是相当少的例外而已。除此之外，我们至今还不曾发现存在任何心灵表现是和性腺机能缺失直接相关的，可以说性腺方面的疾病极少会引发出特别的心灵表现。由此可见，关于内分泌学家所声称的内分泌决定性格这一说法，我们直到现在还不曾找到可靠而有力的医学根据。不过我们也承认，于人的生命而言，某些来自性腺的刺激是必需的，并且它们极可能对于儿童在其所处环境中的地位起着决定作用。当然，这些刺激因素或许也是由其他器官产生的，而且它们是否可以直接引发某种心灵表现也未可知。

我们要提醒大家注意的一点是，对人进行价值判断并非一件简单之事，需要审慎地处理，否则略有差池就可能出现谬之千里的后果。一般而言，存在先天性器官缺陷的儿童在谋求补偿时极易倾向于借助独特的心灵补偿方式。不过，这种发展倾向是可以遏制的，原因就在于不管是在怎样的情况下，每一种器官均无法强迫个体采取某种特定的生活态度。当然，器官缺陷或许会让人丧失斗志，不过那是另外一回事了。相当多的人确信器官缺陷对性格和心灵的发展起着决定性作用，很多人都持与此类似的观点。

有人会这样想的原因完全在于从不曾有人尝试着对那些存在器官缺陷的儿童予以帮助，助其排除心灵发展过程中的障碍，而是任由这些儿童在器官缺陷的影响下堕入歧途，就算是在对这些儿童进行观察并研究时，也无人对他们给予适当的鼓励，更不曾对其施以援手。幸运的是，以个体心理学为基础发展起来的结构心理学在此方面所做的研究不但客观而且真实，因此一定可以弥补气质或体质心理学的诸多不足。

五、总结

接下来我们在对性格特征一一展开讨论之前，先对此前讨论过的那些问题进行简单的回顾。我们提出了以下重要论点：仅对那些和整体心理结构与各种表现割裂开来的孤立现象进行研究是绝对不可能真正理解人性的。因此，若想更深入地理解人性，我们就一定要将至少两个在时间上尽可能拉开距离的现象寻找出来，并对其进行比较，再依据研究的结果归纳出一个统一的行为模式。实践表明，这一独特的方法相当有效。我们可以借助这一方法将一些完整的印象收集起来，然后借助于细致的梳理从中总结出针对某种性格特征的合理评价。

如果只凭孤立的现象来妄下判断，那么我们就与其他心理学家以及迂腐的学究一样了，我们的研究会为此陷入举步维艰的地步，最终我们极可能会不得不采用那些已经被证明没多少用处的传统标准。不过，倘若可以成功地将若干重要的点在众多心灵现象中确定下来，倘若可以运用个体心理学的专业方法把这些点整合成一种独立的行为模式，那么我们就可以对个体做出明确的整体评价，还可以得出一套条理清晰的心理分析体系。因此，倘若我们想真正地站在坚实的科学基础之上，唯一的方法就是这样做。就某种程度而言，深入了解一个人一定会让我们改变和修正对此人的评价，所以，倘若想运用教育手段对受教育者实施矫正措施，那么我们首先要做的就是依据上述方法对此人形成一定的明确认识。

为了创立这样一个心理分析体系，我们已经对多种方式方法进行了讨论，并且用我们本人的亲身体验以及他人的诸多经历作为例证来予以说明。除此之外，我们坚决主张社会因素一定要在此体系中得到高度重视，因为仅研究个体的心灵表现是不够的，我们还要把这些心灵表现放在社会生活中去观察。就社会生活的角度而言，以下基本原则是最重要、最有价值的：性格根本无法成为对道德进行判断的依据，原因在于它仅标志着一个人对其周围环境的态度以及其与人类社会的关系。

我们在对这些观点进行反复论证的过程中发现，在人类身上存在着两种普遍现象。一种现象是把人和人维系在一起的社会感。人人身上均存在一定程度的社会感，而人类一切伟大成就均是以这种必然存在的社会感为基础的，而它也是我们对心灵表现进行评价的一个有效标准。倘若我们清楚一个人是怎样为人处世的，清楚其是怎样为自己的人生赋予意义、让自己的人生充满活力的，那么我们就可以清楚其究竟具有多少社会感，进而对其心灵获得一个全面的认识。另一种现象是，我们还发现了对心灵表现进行评价的另一个标准，即追求个人权力和优越感的倾向。这是一种和社会感针锋相对、势不两立的倾向。掌握了这两点，我们就可以明白，人与人之间的关系一方面会受到社会感的影响，并和它成正比，另一方面还会受到个体对权力追求的制约，并和它成反比。社会感与追求个人权力这两种倾向始终处于相互对立的态势，它们之间始终保持着一种充满张力的博弈关系；在这两种倾向的相互作用下，人会产生不同类型的表现，而这诸多具体表现就构成了所谓的性格。

第二章

攻击型性格特征

一、虚荣和野心

倘若获得认可成为个体最大的渴望，那么在这种欲望的刺激下，其心灵就会出现一种紧张状态，其内心深处那种对权力和优越感的追求就会越来越清晰，于是他就可以士气高昂地向着目标冲去，而其整个人生便永远沉浸在了对胜利的期待中。此类个体一定会与现实生活脱节，原因是他对生活本身失去了关注，将全部身心用于琢磨他人是如何看他，总会去关注自己是否会给他人留下不好的印象。受这种生活方式的影响，其行动自由就会受到极大的限制，而虚荣也就此成为其身上最显著的一个性格特征。

或许人人均怀有一定程度的虚荣心，但很少有人会认为把自己的虚荣公之于众是明智之举，所以，人们对虚荣常常是百般掩饰、巧妙伪装，为其戴上诸多变幻多端的面具。例如，谦虚就是这样一个伪饰面具，实际上，虚荣即谦虚的本质。再例如，一个人或许虚荣到从不曾考虑他人的意见；另一种虚荣的人则贪得无厌地要获得公众的赞许，然后利用所获得的认同来牟取私利。

虚荣如果超过一定限度就会变得极其危险，甚至会令一个人去做相当多的无意义的事，会令其仅关注事物表象而不喜欢深入了解其本质，还会令其在做所有事情时将自己的个人利益放在最前面（就算是想着他人，最多也仅是对他人关于自己的看法表示关心而已）。虚荣的最危险之处在于，它最终会令一个人与现实世界脱离，令其无法理解人与人之间一定存在的那种千丝万缕的联系，还会将个人和现实生活的关系扭曲，从而忘记人生应尽的责任、这个世界对个人所提出的要求。从不曾有一种恶习可以如同虚荣那样阻碍一个人的自由发展，虚荣的人在面对每一件事、每一个人时均会产生如下想法："我可以从中获得怎样的好处？"

为了将虚荣所带有的贬义色彩遮掩起来，人们经常用"雄心壮志""干劲儿十足"和"积极进取"等动听的词汇来形容自己。

虚荣的人通常不愿意按规矩办事，甚至时常会做出一些故意对他人造成干扰的事情。例如，有些虚荣心无法得到满足的人就会用尽心思对他人进行阻止，不让他人获得成功。

普通人极难与有着强烈虚荣心的人友好相处，而且不清楚怎样去对这类人进行批评或评价。虚荣的人在犯错之后经常将责任推到他人身上，如此一来，他们就永远是对的，他人永远是错的。不过，在生活中，谁对谁错有时并不重要，相反，人人均要实现自己的目标才是最重要的，对他人做出一定的贡献才能体现出自己的价值。而虚荣的人或者成天怨天尤人，或者到处替自己找借口以进行自我安慰，压根儿不曾考虑过关于贡献的问题。我们在这类人身上可以看到他们内心深处那曲折隐秘的真实想法，可以看到其尽其所能地维护自身优越感的努力，还可以看到其打算保护自己的虚荣心免受伤害的企图。

在此问题上，有些人常常会提出一些异议，认为如果失去了远大的抱负，人类就不会创造出今天的这些伟大成就。这实际上是一个大错特错的观点。我们认为，虚荣是无人可以彻底摆脱的，意即人人均存在一定程度上的虚荣心；并且，可以肯定的一点是，虚荣绝不可能使人做出任何对人类社会有益的行动，它也不会为人提供足以获取伟大成就的力量。

我们发现，人类社会存在如此多复杂的纠纷的根本原因就是，某些人的虚荣心不曾得到满足。由此可见，当我们试图去了解某个人的复杂人格时，确定其虚荣心到底有多强、会在哪些事情上将虚荣心表现出来以及用怎样的方式来实现其虚荣目标，这是我们首先要掌握的一个重要的技巧。倘若可以获知以上情况，我们就可以将虚荣心到底会对社会感造成多大的危害给揭示出来。作为背道而驰的两种性格特征，虚荣和体谅是无法并存的，原因就在于个体在虚荣心的驱使下根本不愿意在社会法则面前屈服，当然也就无法体谅他人、顾及他人的感受了。

虚荣者的命运是被虚荣所支配。于虚荣来说，其永远无法战胜的超级对手就是社会生活，而其发展始终受到来自社会生活的反对声音的威胁，所以虚荣早在萌芽阶段就将自己的真面目隐藏起来，对自己进行一番乔装打扮之后再迂回地去实现自己的目标。虚荣的人一直表现得迟疑不定、不大自信，始终在对自己是否有能力实现目标表示怀疑；正是在其辗转反侧、思前想后的时候，时间就这样被浪费了。结果，一旦年华老去，这些虚荣的人就会替自己找出诸多借口，抱怨完全是形势造成了自己错过了施展才华的机会。

一般情况下，虚荣的发展轨迹是这样的：虚荣的人先是会为自己找到一个不大受普遍规则制约的位置，从而令自己可以远离主流生活，然后以不信任的态度对他人的生活冷眼旁观。在他看来，所有的同类好像均为敌人，所以他一定会采取或进攻或防御的对策。如此一来，他就会经常陷入进退维谷的状态，认为自己所有的想法好像都有道理，思前想后无法决定到底哪个更好。就这样，他因为反复的思考而误以为自己真理在握，不过实际情况却是，就在他深思熟虑的过程中，大好的机会与其擦肩而过，他失去了和社会生活的联系，同时也将一个人一定要承担的责任给推卸了。

倘若可以观察得再深入一些，我们就会发现隐藏在虚荣背后的东西，会发现一种借助于不同的面目展现出来的、打算将一切征服的欲望。这种虚荣心在虚荣者的一举一动中体现出来，包括其衣着打扮、说话方式。换言之，不管是从哪方面而言，我们均可以在虚荣者身上看出虚荣的迹象，均可以看出虚荣者的野心勃勃（这些人为了追求优越感甚至可以不择手段）。倘若强烈到如此程度的虚荣心完全暴露出来，那么一定会让人讨厌，所以虚荣的人倘若够聪明，认识到个人是无法与其刻意远离的社会生活相抗衡的，就会竭尽全力将自己的虚荣给掩饰起来。于是，我们就可以看到以下这些人：他们之所以表面上极其谦虚恭敬，偶尔甚至还会不修边幅，为的就是令自己看上去不那么虚荣。请看下面这则小故事：一个身着破旧衣服进行演讲的演说家登上了讲坛，苏格拉底对他说："雅典的年轻人，你的虚荣心正借着你那袍子上的破洞向外看呢！"

有些人对自己毫无虚荣心深信不疑，事实上他们看到的仅是表面现象而已，虚荣心一般会隐藏于人的内心深处。例如，虚荣可能会以下面的形式表现出来：虚荣的人始终想让周围的人以其为中心，始终打算将发言权抓在自己手里，从而让周围的人都听命于他；或者他会依据自己所在圈子里的地位来对这个社交圈的好坏进行评价。有一些虚荣的人则根本不踏足社交圈，并且极尽所能避开和他人的来往。他们会用如拒绝接受他人的邀请，姗姗来迟，在邀请人说尽好话、百般奉承才去等多种方式来逃避社交活动，而他们这样做的原因就是其虚荣心在作怪。还有一些虚荣的人仅在某些特定的情况下参加社交活动，他们因为这样的习惯而令自己与众不同，并会以此为豪，将之当作自己的一大优点。不过，倘若对其仔细进行观察和思考就会发现，这种"特立独行"的姿态正好将其内心深处那强烈的虚荣心传达出来。与之相反，有些人则对于参加各种社交聚会相当热衷，当然这同样也是虚荣的一种表现。

以上各种表现均植根于人的心灵深处，将人的心灵活动真实地反映出来，所以我们根本不可以将其当作毫不起眼的细枝末节。实际上，倘若一个人出现以上表现，那就说明他不存在任何社会感，说明其极易成为社会的破坏者。虚荣的表现形式多种多样，差不多仅能靠大作家用其生花之笔才可以生动而详备地描述出来，我们在这里仅能将其大致轮廓勾勒出来。

我们在所有的虚荣者身上均发现一个动机、一个其一生也永远无法实现的目标，即超过世界上所有的人，而虚荣者为自己确立如此目标的原因就在于其无力感。我们也许可以由此推测出以下结论：每一个虚荣心相当强烈之人，其自我价值感均特别淡薄。当然，有一些人或许会意识到自己的虚荣是自己的软弱无力造成的，不过倘若无法让其抓住这个机会，令其好好反省一下，那么就算是让其获得如此认识也毫无用处。

通常情况下，虚荣总是带着一些幼稚的成分，所以虚荣的人常常会令人产生相当孩子气的感觉。事实上，虚荣早在一个人的幼儿期就萌芽了。可以将儿童的虚荣心激发出来的因素相当多，有些儿童会产生强烈的虚荣心的原因就是其教育环境较差，令其承受了难以承受的压力，使之感受到了自身的渺小，进而认为自己被忽视了。家庭环境也是一个重要因素。某些家庭的儿童极易养成傲慢的态度，并以此为荣。实际上这种态度背后潜藏着一个不为人知的想法，即他们认为自己是与众不同的，出身于比其他家庭都更好的家庭，命中注定要在生活中享有某些特殊待遇。

有的人也的确将追求特殊待遇当作自己的人生方向，并在此基础上形成某种特定的行为模式。不过，生活通常极少可以令此类人如愿以偿，加上这种追逐特殊待遇的行为获得的不是人们的赞扬而是敌视或鄙夷，所以他们中相当多的人会存在胆怯、退缩的心理或行为，直至最终远离社会、过着一种不同于常人的生活。倘若他们躲在家里，就无须面对现实生活，不需为任何人负责，可以继续沉醉在自我陶醉中，进而令自己的信念（倘若可以如此，我就一定可以实现目标，出人头地）更加坚定。正是借助于这种方式，他们不断地培植并巩固着自己的"骄傲"姿态。

有些人则能力强、成就突出且自高自大，他们同样属于这一类型。公正地说，这类人的才能的确具有一定的价值，不过不幸的是，他们却将其才华浪费在了自我陶醉上。他们通常极难和周围的人积极合作，倘若有人提到这个问题，他们就会将一大堆压根儿不现实的事情拿出来当作理由，还会将一些压根儿无法成立的空洞理由拿出来替自己的不合作行为辩护。

我们从此类人身上可以获得如下结论：他们实际上是在替自己的懒惰找借口，而这些借口等同于安慰剂，可以令其无须去反思那些被自己白白浪费掉的大好时光和机会。

这类人对外部世界怀着敌意，并且从不在意其他人的痛苦和悲伤。对于这类人，深谙人性的拉罗什福柯曾鲜明而深刻地指出，声称他们"对他人的痛苦可以做到冷漠相待、处之泰然"。实际上，这类人可以保持良好的自我感觉的原因就在于他们运用了这个办法。一般情况下，他们会将对社会的敌意外化为一种尖锐的批评，他们怨气冲天，对人世间的一切均心怀不满，始终在以评判、挑剔、批评、讥讽、谴责的态度对待这个世界。当然，于我们每个人而言，发现糟粕并鞭挞是应尽的责任，不过仅做到这一步是远远不够的，我们还理应反躬自问："在将糟粕否定之后，我是不是汲取到了一些精华？是不是提出了一些有用的建议？"

虚荣的人喜欢用各种手段对自己进行抬高或对他人进行贬低，喜欢说一些尖酸刻薄的话以对他人的性格进行诋毁。在这一方面，他们可谓千锤百炼、积累了相当丰富的经验，因此可以轻松地达到自己的目的。这些人中的确有相当多的人头脑敏捷、对答如流、反应迅速，均为聪明人；不过，凡事都有两面性，聪明的头脑也不排除在外，它一方面可以给人带来相当多的好处，另一方面也会让人因此受到伤害。这些说话刻薄的人就为我们提供了一个极好的例子，其聪明才智彻底专注于戏弄他人、伤害他人了。

喜欢诋毁或贬低他人是这类人普遍都有的一种性格表现，我们称之为否定情结。否定情结表明虚荣者的目标就是攻击他人的价值，也就是说，虚荣者之所以怀有否定情节，其目的正是要通过否定或贬低他人来获取个人优越感。这样看来，假如他人的价值得到了众人的认可，这对虚荣者来说无异于一种人格侮辱。仅仅根据虚荣者的这个特点，我们便能挖掘出许多重要的东西来，特别是我们明显能看出，在虚荣者的人格中，软弱感和无力感是多么强烈、多么根深蒂固。

既然我们每一个人都不能彻底摆脱虚荣这个缺陷，那么纵使无法在短时间内将这长久以来深植于人类心中的东西连根拔除，大家也可以好好利用这里所进行的讨论来为自己确立一个行为准则，不要让虚荣妨碍到自我发展。我们认为，只要不让这类危险而有害的习惯蒙蔽我们的双眼、迷惑我们的心智，那就算是一个很大的进步了。我们之所以一再强调虚荣的不良影响，并不是因为我们想要宣扬什么标新立异的论调，也不是因为我们想要表现得多么与众不同，而是因为我们觉得，每一个人都应该伸出双手，和其他人联合起来、共同合作，这才是天经地义的事情，是自然法则对我们人类提出的正当要求。

当今这个时代更加注重合作，单纯追求个人虚荣是行不通的，因为正是在这样一个时代里，我们每天都能痛惜地看到虚荣在如何导致失败、如何使虚荣者受到社会的强烈谴责；也正是在这样一个时代里，虚荣所引发的矛盾会显得尤为突出、愚昧。一言以蔽之，虚荣在任何一个时代都不会受到像今天这样的一致反对。在这种大环境下，摆脱不了虚荣的我们最起码还能做一件事，那就是，找到一个比较好的表达虚荣的方式。这样，即便我们无法摆脱虚荣，至少也能让它朝着有利于公共利益的方向发展。

虚荣心一旦膨胀到相当严重的程度，就会成为一个人终生都难以摆脱的负担，会阻碍他的全面发展，并导致他最终走向崩溃。不幸的是，有很多人却坚信，雄心壮志——准确地说，应该称之为虚荣——乃是一种非常宝贵的性格特征。其实他们并不明白，这种性格特征到头来会令他们失望，令他们的心灵不得安宁。

为了证明我们的观点，下面来看一个例子。

一个二十五岁的年轻人马上要期末考试了，他却不复习功课，因为突然之间他对学业一点儿兴趣都没了。他心情恶劣，难以自拔，对自我价值产生了严重怀疑。在这种想法的百般折磨下，最后他竟然连考试都无法参加了。在回忆儿时情景时，他流露出了对自己父母的强烈不满，他觉得父母根本不了解他的成长过程，从而妨碍了他的成长。在对自我价值失去信心的同时，他还认为所有的人都毫无价值、不足挂齿，并且和他也没多大关系。这样一来，他就有充分的理由远离人群、闭门独处了。

在虚荣心的驱使下，他不断地找寻各种各样的理由和借口来逃避所有测验他能力的考试。现在期末考试即将来临，而他却丧失了信心和斗志，这无疑是雪上加霜，让他更加焦急，结果他被这些沉重而顽固的思虑压垮了，根本无法参加考试。其实，这一切对他来说极为重要，因为如此一来，他就不用参加考试了，从而得不到任何成绩，别人也无从知道他的真实能力究竟如何，于是他的"人格感"和自我价值感便会得以保全。这种做法简直就成了他的"护身符"，有了这道"护身符"，他便安全了、放心了，便可以安慰自己说，他之所以没那么能干，全都是因为疾病和不公平的命运造成的。这种躲避考试的态度其实就是虚荣的一种异变的表现形式，它意味着这个人习惯于在自身能力即将受到考验的关键时刻抽身而退、临阵脱逃，因为每到这个时候他就会想到，倘若失败了，他有可能会失去已有的荣耀，还有可能暴露自己的真实能力。

事实上，那些缺乏自信或者不确定自己是否真有决断能力的人差不多都会采取这样的逃避态度，我们的病人也不例外，甚至可以说他已经深谙此道了，这一点从他对自己的描述中就可以看出来。每当必须做出某个决定的时候，他便会踌躇徘徊、举棋不定。仅从这样的举止动作和态度来看，我们就知道他是多么渴望停止，渴望刹住前进的步伐。

他是家里的老大，而且是唯一的男孩，下面有四个妹妹；此外，他还是家里唯一可以上大学的人。可以说，他是是全家的希望所在。他父亲一有机会就激励他，不厌其烦地给他灌输做人就应该飞黄腾达、建功立业的观念。结果，他的胸中燃起了要超过世界上所有人的强烈欲望，而这也成了一个时时刻刻摆在他眼前的人生目标。可如今，他深受怀疑和焦虑的困扰，不知道自己是否真的能够实现全家人对他寄予的厚望。就在这时，虚荣心及时伸出了援手，为他指出了一条出路——打退堂鼓。

这一切告诉我们，当虚荣心恣意膨胀时，人前进的步伐就会遭到遏制。一般而言，虚荣心和社会感总是纠缠在一起争来斗去、相互压制的，所以尽管社会感能够对虚荣心起到一定程度的抑制作用，但我们还是可以看到，从很小的时候开始，虚荣的人就常常会挣脱社会感的束缚，拼命想远离他人、自行其是。在我们的心目中，虚荣者应该是这样的一群人：他们凭空想象出一个陌生城市的蓝图，然后带着想象的蓝图在那个城市四处漫游，找寻着想象中的建筑。当然，他们永远也不可能找到自己所想象的那个城市！结果，他们就会将一切归咎于无辜的现实。这便是自私自利者和虚荣者的大致命运。无论和谁交往，他们都企图通过强权、阴谋诡计或背信弃义等手段来贯彻自己的原则，达到自己的目的。他们密切关注着周围的动静，一有机会就冲出来证明别人犯了错或者正在犯错。当他们成功地证明了——至少他们自己是这么以为的——他们比别人更聪明、更优秀时，便会喜不自胜，很有满足感。当然也有人不吃他们这一套，有可能会愤然而起，和他们对峙。结果是，即便最后是对方获胜，这些虚荣者们依然不改初衷，照样会对自己的正确性和优越性深信不疑。

这其实都是些不值一提的小伎俩，不过靠着这些伎俩，任何人都能通过想象来获得他所愿意相信的东西。我们的病人就完全是照这个样子发展的。他本应该埋头学习，本应该从书本中寻求智慧，或者是本应该参加考试来体现自己的真正价值，可由于看待问题的角度出现偏差，他错误地夸大了自己的不足。此外，他对考试看得过重，以至于相信自己一生的幸福以及全部的成功都在此一举。这样的话，他必然会产生令人难以忍受的紧张感。

对他来说，生活中的一切关系和交流都无比重要，甚至为了每一次谈话、每一句话，他都会去一争高下、分出胜负来。这显然是一场旷日持久、永无止境的战斗，最终会将这个虚荣的、野心勃勃的以及喜欢空想的人拖入新的困境，会使他触摸不到人生中真正的幸福。只有脚踏实地地生活，他才能拥有幸福的人生；倘若将生活中不可或缺的东西扔到一边、置之不理，通向幸福和欢乐的大门就会关闭，他也就得不到其他人所享有的任何幸福感和满足感了。到了这个时候，他唯一能做的就只有沉浸在虚幻的梦想之中，想象着自己比其他人优秀，想象着自己可以支配其他人，而实际上他自己已经意识到了这一切根本不可能实现。

假如他真的比其他人优秀，那么他肯定会发现，原来周围还有那么多人在跃跃欲试地要和他比一比，看看究竟是谁更幸福、更优秀。这种情形是不可避免的，因为追求优越感乃是人的本性，没有人愿意甘居人后。可是现在，这个可怜的年轻人只能在想象的世界中自我陶醉了。当一个人陷入这样一种生活模式的时候，他就很难和别人进行正常交流，更别提获得成功了。可以说，在这样的攀比竞争中，没有谁是最后的赢家，因为竞争者所背负的压力通常非常大，他们所面临的永远是打击和压制，而且他们时时刻刻都会表现出一种高度紧张的状态，要努力表现出一副出类拔萃、不同凡响的样子来。

假如一个人是因为对他人有帮助、有贡献而博得好名声的，这就是另外一回事了。他的声誉是不请自来的，即便有人反对，那些反对的声音也不足挂齿。站在荣誉的光环下，他依然能泰然自若、问心无愧，因为他所做的一切并不是以虚荣心为出发点的。由此可见，促使一个人产生虚荣心的决定性因素乃是自私自利，是不断想抬高自身人格的欲望。虚荣的人总是在期待着什么，总是在想着要得到什么。而与之相反，社会感充沛的人一生中总是在扪心自问："我能做出什么贡献？"大家应该一眼就能看出，这两种人在性格和价值观上有着天壤之别。

这样，我们便得出了一个千百年来人们耳熟能详的道理，用一句名言来表达就是"施予比接受有福"。如果细细琢磨这句话的含义，琢磨其中蕴含的人生经验，我们就会认识到，它所强调的正是一种施予的态度。这种施予、奉献或者助人为乐的态度具有一定的补偿作用，它会给人带来精神上的愉悦祥和，就好像施予者的整个心灵都沐浴在上帝的祝福声中似的。

与之相反，那些只知索取、贪得无厌的人永远无法获得满足感，因为他们认为只有不断地追求或拥有新的东西才能得到幸福。对于别人的需要和不幸，他们从来都不关心，甚至还会袖手旁观、幸灾乐祸。他们根本没想着要与其他人和平共处，反而要求别人无条件地服从他们定下的规矩。他们身在福中不知福，总想着要体验新鲜的事物。简而言之，他们的不知足和无节制与他们身上的其他特征一样招人厌烦。

还有一种人，他们所表现出来的虚荣更加幼稚。这种人衣着花哨、标新立异，为了显得光彩照人，他们把自己打扮得像只花孔雀，就像原始人在头发上插一支特别长的羽毛来显示自己的出众风采一样。他们中的许多人只要穿上漂亮的衣服就会获得极大的满足感。他们身上佩戴着五花八门的装饰物，就像迎风飘扬的彩旗一样绚烂耀眼，像好战者的勋章或武器一样炫目。所有这一切都充分暴露出了他们内心的虚荣。不过仔细想想，也许他们这样做是在虚张声势，是为了震住或吓跑对手？有时候，虚荣心还会促使他们在自己身体上留下一些暧昧的标记或文身，而在我们看来，这种行为非常浅薄。

从这些引人注目的外在表现中我们可以看出，这样的人一心想给人留下深刻印象，即便达到这个目的是要以厚颜无耻为代价，他们也在所不惜。某些人之所以喜欢大肆炫耀，是因为这样做会让他们产生自己比别人了不起、比别人优秀的感觉；还有一些人则更倾向于严厉、冷酷、固执和孤独的状态，因为只有在这种状态下，他们才能产生同样的优越感。其实，与其说这些人冷酷无情，倒不如说他们是软弱胆小，他们的冷酷只不过是装装样子罢了。尤其是男孩，他们表面上不动声色、无动于衷，好像情感不够丰富似的，这实际上代表的是一种与社会感相对立的态度。

在虚荣心的驱使下，这些人习惯于从别人的痛苦中获得狭隘的自我满足感。倘若有人恳求他们付出更多的同情和关怀，或者是表现出更高尚的情怀，他们就会觉得这是在侮辱他们，结果别人的恳求只能使他们的态度变得更加强硬。举例说明，大家在生活中可能会看到这样的现象：父母为了和孩子拉近关系，会向孩子诉说自己的烦恼，可孩子却暗自窃喜，因为父母的烦恼让他觉得自己比父母强多了，从而让他得到了一种虚假的自我优越感。

我们前面讲过，虚荣的人通常喜欢将自己伪装起来。因此，我们绝不能被虚荣者那和蔼可亲、平易近人的外表所迷惑，也不要天真地以为他绝对不可能是一个只想着维护个人优越感的人。事实上，他的确是一个渴望征服的好战分子，而战斗的第一个阶段就是必须赢得对方的信任，诱使对方放松警惕。在友好靠拢的第一阶段，我们很容易相信这个进攻者具有强烈的社会感；到了第二阶段，他的真实面目便会暴露出来，这证实了我们之前的判断是错误的，会令我们大失所望。或许我们会以为这个人之所以前后判若两人，是因为他具有双重人格。实际上，他自始至终就是这样一个人——先礼后兵。

一般来说，这类人很好识别，因为过分的阿谀奉承是人人所讨厌的，喜欢献殷勤的人很容易让别人感到不自在。我们一定要小心提防善于阿谀奉承的人，并且应该防止那些有野心的人采取这样的方式，最好让他们另辟蹊径，选择一种更温和的方式。

在本书的第一部分，我们已经全面了解了在什么样的情况下心灵的发展最容易偏离正常方向。从教育的角度来看，使心灵难以正常发展的最大阻力就在于接受教育的儿童对周围环境一般都抱有挑衅态度。尽管教师知道在社会生活中一个人应该担负起什么样的责任，但他也绝不能将这个思想强行灌输给儿童。在这个问题上，教师唯一能做的大概就是尽量不要挑起儿童的好斗情绪，不要把儿童当作教育的客体来看待，而是要将之视为教育的主体，就好像儿童是一个和教师平起平坐的成年人一样。倘若能做到这一点，儿童就不会觉得老师对他施加了压力或是忽视了他，不会错误地以为教师是在向他挑战而他必须要奋起迎战。要知道，一旦抱有这样的心态，任何一个人都会滋生无穷无尽的欲望和野心。过多的欲望和野心会对一个人的思想、行动和性格产生极大的影响，会使他陷入各种各样的复杂关系中纠缠不清、无法自拔，会使他的人格沦落，最终会使他彻底走向毁灭。

野心和虚荣会令一个人的生活混乱不堪或偏离正常的轨道，

会令其失去身上一切的正直品质，还会令其无法享受到生活中真正的快乐和幸福。总之，拥有过度的野心和虚荣绝对是一个愚蠢的错误。

二、嫉恨

由于嫉恨在生活中出现的频率相当高，因此我们极有必要对其特征进行深入探讨。嫉恨不但会出现于爱情关系中，而且还会出现于其他各种关系中。诸如我们常见的有些儿童在相互攀比竞争的过程中就会产生嫉恨心理，与此同时，他们或许会由此发展出野心来；倘若具备了这两种性格特征，那么当其面对外部世界的时候，就必定会持好战和挑衅的态度。可以说，嫉恨乃是野心的同类，一般是在被忽视或被歧视的感觉状态之下激发而出的，而且是一种可以持续终生的性格特征。

通常情况下，每当有一个弟弟或妹妹降生，儿童均会心生嫉恨，原因是新生儿相比兄姐会获得父母更多的关心和照顾，于是其兄姐就会产生被赶下宝座的失落感。要知道，在其出现之前，其兄姐曾经是多么惬意地沐浴在父母那阳光般温暖的爱意中，而如今新生儿却将一切都夺走了，他们如何不妒火中烧呢！

一个家庭在男女孩俱全的情况下，极易产生嫉恨之情。众所周知，在某种程度上，女孩子在人类社会中极易被忽视，倘若她有弟弟，那么弟弟的降生势必受大家的热烈欢迎，并比她获得更多的关心和照顾，甚至可以获得与她没有任何关系的诸多好处。当女孩面对这一切时，怎么可能不失望、不沮丧呢？

上述这样的关系容易引发敌对情绪，有些做姐姐的或许对弟弟满怀爱心，以慈母相待之。然而，就心理学层面而言，这种态度和此前所谈的病例是一样的。倘若姐姐如同慈母一样对待弟弟或妹妹，那么就代表着她再次获得了可以令自己随心所欲的权力地位，代表她终于成功地在对己不利的环境中开辟出一片天地。

一般情况下，家庭内部的嫉恨是由兄弟姐妹之间的激烈竞争引发的。如果女孩感觉到被忽视，那么她就会坚持努力争取将其兄弟打败。借助于勤奋和努力，她常常可以成功地超越他们。当然，老天也会在此事上助其一臂之力，原因是处于青春期时，相比男孩，女孩的心理和生理发展得更早，青春期过后这种差距才会慢慢缩小，进而拉平。

嫉恨拥有不同种类的表现形式，例如，它或许表现为因为不信任而打算伺机对他人进行攻击，也或许表现为对同伴吹毛求疵、刻薄挑剔，或者还会表现为对自己受忽视的担忧。

决定一个心怀嫉恨的人到底会用何种形式将自己的嫉恨心理表现出来的是，其一直以来为人生做准备的方式。嫉恨的表现形式差不多可以归纳为以下两种类型：一种是自毁倾向；一种是极端顽固。那种败坏他人的兴致，无缘无故地对他人予以反对，限制他人的自由并进一步令他人对自己俯首称臣等行为均是嫉恨这一性格特征的具体表现。

为周围的人制定一套行为规则是心怀嫉恨的人最喜欢玩的一个花招。当一个人打算将某种爱情法则灌输给伴侣时，当其将一道围墙在爱人身边筑起时，当其规定对方理应看、做、想的内容时，这就足以证明其内心充满了深刻的嫉恨情绪。心怀嫉恨的人也喜欢对他人予以贬低和谴责，其最终目的就是将对方的自由意志剥夺，把对方束缚起来，令其老老实实地顺从他们。陀思妥耶夫斯基在其小说《被侮辱与被损害的》中对这种行为做过精彩的描写。书中讲述了一个男人用我们上文所讨论过的手法将其妻子牢牢地控制住，并且欺压了对方一辈子。

总之，我们认为，嫉恨是一种特别明确的权力追求形式。

三、嫉妒

可以确定的是，嫉妒这一性格特征出现于对权力和控制权的追求之中。倘若一个人的目标过于高远，那么在目标和现实之间就一定会出现一道无法逾越的鸿沟，而这个人就一定会因此产生一定程度的自卑情结。处于这种自卑情结的压迫之下，其日常行为和人生态度均会受到严重影响，进而令其丧失自信心，低估自己，对生活产生强烈的不满，而这一切又反过来令其发现自己的目标更加遥不可及。于是，他就开始用尽心思琢磨他人的成功，每天思考着他人是如何看待他的或者是他们获得了怎样的成就；

与此同时，他又会因为自己被忽视而感到极大的困扰，甚至认为自己受到了他人的歧视。

事实上，这类人所拥有的东西和其他人一样多，就算是这样，他还是会产生被忽视的感觉，而这正好说明其虚荣心难以遏制，说明其打算获得比他人更多的东西，甚至可以说，他渴望获得一切。当然，这类虚荣的人一定不会将其打算拥有一切的想法对外宣布出来的，原因是他们的这种想法是不会获得社会的认可的。不过，我们可以从其一举一动中确定，其内心深处的确是这样想的。

倘若一个人总是在琢磨着他人的成功，那么他或许就存在着嫉妒心理，而这种心理是极难给人带来幸福的。人人心中均普遍存在着某种程度的社会感，人们会因为这种社会感而对嫉妒心存普遍的反感。不过，就算是心存反感，能够真正做到不带一丝嫉妒心的人却少得可怜，即我们没人确保自己可以彻底摒除嫉妒心。当一个人身处顺境时，其内在的嫉妒心理通常不会那么明显；不过，一旦其遭受痛苦或感到受压迫，一旦其一贫如洗、缺衣少食、饥寒交迫，一旦其前途暗淡、希望渺茫，一旦其陷于困境无法找到出路时，嫉妒心理便会在其心中发展壮大，进而表现出来。

今天，整个人类文明仅仅处于起步阶段，还有相当多的东西需要完善，因此虽然我们所接受的伦理文化和宗教信仰教育自己不要存嫉妒心，但是我们的心理还不曾成熟到足以将嫉妒根除的程度。穷人的嫉妒是可以理解的，不过如果一个人声称就算是身处困顿，他也不会产生任何嫉妒心，那么反而让人无法相信。关于这一点我们要说的是，在对嫉妒进行考察时，我们务必要将其放在当下的社会背景中去考察，要与整个社会的普遍精神状态结合起来去考察。

无论是个体还是群体，倘若其活动受到过多的限制，那么人就会油然而生出嫉妒之情，这是个无可辩驳的事实。最不幸的是，有时候嫉妒的出现形式是那么让人讨厌或极其不正当，而此时此刻，我们的确不清楚将此嫉妒心消除的方法，更不清楚如何才能将伴随着嫉妒而产生的憎恨之情消除。不过必须明确的一点是，我们最好不要对嫉妒进行考验，更不要助长或刺激它，相反我们要采用得体的方式尽量规避或抑制潜在的嫉妒情绪。坦率地说，这种做法或许不可以将嫉妒消除，不过至少可以让大家清楚，千万不要在同伴面前显露出自己高高在上的优越感，因为这种炫耀一方面无任何意义，另一方面还会在无意中伤害到他人。

就嫉妒产生的原因，我们可以发现，个体与社会之间存在着不可分割的联系。如果一个人凌驾于社会大众之上，或是拥有高高在上、俯视众生的权力，那么其必定会激怒那些不想让其成功的人，进而激起他们的反对。正是因为嫉妒的存在，为了确保人与人能和平相处，人类社会只好制定出各种规章制度来。讲到此处，我们相当自然地想到了那一不言自明的社会法则天赋人权——人人平等。众所周知，这是人类社会的基本法则之一，倘若有人违背了此法则，立刻就会招致反对，引发混乱。

有时候，我们直接通过观察某个人的面部表情就可以看出其是否心存嫉妒。在我们的日常用语中，关于嫉妒的生理学原理存在着相当多形象生动的词汇，比如我们用嫉妒得"脸色发青"或"脸色惨白"来形容一个人的表现。此类词语所揭示的原理就是，嫉妒会对血液循环造成影响，意即嫉妒会令毛细血管出现收缩的生理反应。

就教育的层面而言，我们针对嫉妒唯一可走的路就是，既然无法将之彻底根除，那么就尽量将其向有用的方向引导。为了达到这一目的，我们理应在不对心灵造成大震荡的前提下，为嫉妒提供一个可以发挥积极作用的渠道。这种做法不管是对个体还是群体，均是有极大好处的。例如，就个体而言，我们可以建议其从事某些可以提升自尊和自信的职业；而就国际大环境层面而言，我们可以为那些认为本国被忽视了并且眼红他国繁荣的落后国家指明发展方向，而这正是我们唯一可做的事情。

于公共生活而言，每一个心存嫉妒之人均是害群之马。这类人所感兴趣的仅是没完没了地向他人索取或者为他人制造麻烦，不过其一旦遭遇失败，他们就会习惯性地为自己寻找诸多借口或者将责任全都推在他人身上。他会成为一个好斗者，一个害人精，一个不喜欢融洽关系、不愿意对他人发挥积极作用的人。他永远不会设身处地替他人着想，因此可以预见，其对于人性方面的认识差不多是一片空白。如果有人因其所作所为而遭遇不幸，他不仅会无动于衷，而且还会为此幸灾乐祸。

四、贪婪

一般的情况下，贪婪是和嫉妒相依相伴的，二者可以说是一丘之貉。当然，我们所说的贪婪并不仅指贪财，而是一种更加普遍的行为方式，那就是不会为他人传递快乐，或者在对待社会和他人时表现得斤斤计较、不舍得付出。为了确保自己的财产万无一失，贪婪的人会在其周围筑起一道围墙。由此可见，贪婪不但和野心、虚荣相关，而且与嫉妒也存在一定的联系。事实上，我们可以实事求是地说，这些性格特征常常是同时存在的，所以，倘若一个人具有其中任何一种性格特征，那么足以说明他同时还具有其他另外几种性格特征。我们之所以这样说，绝非源于所谓的神乎其神的读心术，而是因为这种说法具有科学的依据和合理的推断。

在当今社会中，差不多人人均会在不同程度上拥有一些贪念。普通人为了将自己的贪婪掩饰或隐藏起来，一般会夸张地摆出一副慷慨的姿态。实际上，这种慷慨的姿态与施舍是一样的，最终的目的不过是以牺牲他人的人格为代价来凸显或抬高自己慷慨大方的人格。

在某些情况下，例如就某些人的生活方式而言，贪婪又可以称得上是一种相当可贵的品质。生活中的确存在相当多这样的人，他们的时间感相当强，他们在工作上会分秒必争、废寝忘食、不知疲倦，而且也的确做出了相当多的成绩。

众所周知，当今社会存在着一种称之为"做时间的守财奴"的道德观。这一观念要求人们要珍惜时间、提高工作效率。就理论层面而言，这一论调好像极有道理，不过如果从实际效果而言，我们就会发现，事实上它是服务于某些个人的优越感和权力目标的。

我们之所以如此说，是由于我们发现有人会对此观点肆意滥用，如此一来他就可以光明正大地督促他人将更多的工作承担起来。"做时间的守财奴"到底是好还是坏？当我们对此问题做出判断时，就一定要坚持一个标准，即看其是不是具有普遍适用性。顺便说一句，普遍适用性同样也是判断其行为的一个重要标准。

我们所处的时代是一个科技时代，人如同机器，生活法则如同科技法则是这一时代的显著特征。在这些科技活动中，这些法则是合情合理、行之有效的；不过于人类社会而言，这类法则最终会令人们走向自我封闭和孤独，最终造成人际关系崩塌。所以，我们最好还是要调整生活方式，要学会放手，要懂得付出。当然，我们也千万不可滥用这条法则，不能用其做坏事。必须确定的一点是，倘若我们时刻将公共利益铭记于心，那么我们就一定不会做出任何坏事来。

五、憎恨

通常情况下，憎恨是好斗者特有的一个性格特征。这一情绪早在婴幼儿时期就会出现，可能会以勃然大怒这种极端强烈的程度表现出来，也可能会以发发牢骚或者心存恶念这种较为温和的形式表现出来。通常情况下，一个人的整体人格可以从憎恨情绪的强烈程度以及骂人的激烈程度反映出来。倘若明白了这一点，倘若明白了憎恨和坏心眼儿均属于一种性格特征，我们就可以对人的心灵进行客观而深入的洞察。

憎恨的对象存在着相当多的种类，或是一个人，或是一个国家或阶级，或是一个种族或异性。一般情况下，憎恨均不会以公开的形式表现出来，而是如同虚荣一样，知道怎样将自己伪装起来，例如它或许会以一种普通的批评态度表现出来。憎恨可能将一个人的一切社会关系破坏掉，而且会伴随着社会关系的逐步恶化，此人的憎恨情绪也会变得越来越强烈。除此之外，人有时会于无意间突然将这种憎恨情绪迸发出来，就如同一颗流星突然划过暗夜长空一样。我们的一个病人就是如此。此人不用服兵役，却告诉我们他相当喜欢阅读那些对屠杀或灭绝行径进行描述的文章，尽管那些故事残忍到了让人毛骨悚然的程度，他却可以看得心潮澎湃。

在犯罪行为中，突发性的憎恨情绪出现得更多。在普通的社会生活中，绝大多数的憎恨均是以相当温和的面目出现的，此类憎恨不会伤人或让人感到恐怖。愤世嫉俗是憎恨情绪比较隐蔽的一种方式。实际上，对人类的极端仇视才是愤世嫉俗的真实面目。有一些哲学流派喜欢宣扬敌对和厌世情绪，而我们认为，事实上对整个世界抱有厌恶甚至敌对情绪均为野蛮粗鄙、不加掩饰的残酷行为。我们可以在一些名人传记中发现，憎恨有时也会将这层伪装的面纱抛开，将其赤裸裸地暴露出来。不过，与其苦苦琢磨书中所讲的是否为真相，莫不如将以下这句话牢记于心：必须承认，艺术家身上的确时而会出现憎恨和残酷等品质，不过倘若想要创造出完美的艺术，艺术家就理应坚定地站在人性这一边。

憎恨的表现形式多种多样，且随处可见。不过，倘若要详尽地阐述这一性格特征和一切愤世嫉俗现象之间的关系，那明显是离题万里之举，所以我们在此不予一一进行讨论，暂时先举一个例子来说明，例如，有些人或许会受到厌世情绪的影响而选择职业。

格里尔帕策曾说："在诗歌中，一个人的残忍本能可以得到完美的宣泄。"诚然，这绝非说倘若不存憎恨之心就无法从事某些职业。恰恰相反，倘若一个对世界心存敌意之人决定从事某一项职业（例如入伍），那么从其下定决心的那一刻起，至少在表面上，他会将其内心的那份敌意小心地收起，会选择与其就要踏入的那个团体成员和平共处，因为对其本人而言，当前最重要的事情就是一定要适应周围环境，并且与同事们保持一定的合作关系。

所谓的"过失犯罪"也是一种伪装得相当好的憎恨形式。"过失犯罪"通常会危害到人身或财产的安全。引发"过失犯罪"的根本原因就是个体缺乏充分的社会感，以至于其将对同伴的关心这一做人的基本责任彻底忽视了。法律始终针对怎样界定"过失犯罪"这一问题进行讨论，不过至今还不曾获得让人满意的结果。不言而喻，"过失犯罪"的行为和一般犯罪并不一样。例如，倘若把花盆放在窗台边上，略有振动花盆就会掉下去，恰好砸在某个路人头上，这种现象和拿起花盆砸人是截然不同的两回事。不过，某些人的"过失犯罪"行为的确属于犯罪范畴，此类行为可以令我们更深入地看清人性的本质。

就法律角度而言，因为"过失犯罪"并不是有意识的蓄谋行为，因此一般会适当减轻其罪责。不过必须承认的是，不管是有意识的蓄谋行径，还是潜意识的恶性行为，其出发点均一样，意即敌意和憎恨是引发这两种行为的真正原因。我们在对儿童玩耍的过程中进行观察发现，有些儿童总会对于他人的安危不太在意，于是我们由此获得以下结论：此类儿童对同伴通常不太友好。当然，此结论还需要找到更多的证据加以证实。不过，倘若你发现了以下现象，即每逢某些儿童在场，一定会有意外发生，那么你就需要好好思考，是否这些儿童的确不习惯于将同伴的安危放在心上？

一般说来，为了厘清"过失犯罪"和蓄意犯罪这两种行为，最好不要以商业活动作为例子。不过，即便如此，我们在这里还是要特别强调商业活动的本质。商人通常对于竞争对手的利益并不太关心，换言之，商人对于我们反复强调的社会感并没多大兴趣。相当多的商业活动和商业计划的出发点均以彼竭我盈为目标（即只要让对方失败了，我方就可以获利）且相当明确。当然，就算是此类商业活动是有意识的、存心不良的蓄意行为，一般也不会受到惩罚。换言之，日常商业活动与"过失犯罪"一样，均缺乏足够的社会感，均会对人类社会生活造成极大的危害。

有些人并非小心眼儿之人，不过因为事业的压力，他们只好尽可能地先将自己保护起来。对于这种情况，人们常常认为情有可原，不过却忽视了一个事实，在实施自我保护的同时，势必要对他人造成伤害。我们提醒大家注意这些事实的原因就在于它将以下问题指明，在商业竞争的压力下，要想保持社会感是一件相当困难的事情。所以，我们一定要找到一种解决办法，从而令人们更乐意为了共同利益而友好合作，而非让人与人之间的合作如同今天这么困难。

实际上，为了可以对自己实施最大程度的保护，人的心灵始终在自动地运转着，在努力营造着一种更加健康、更加和谐的状态。追踪研究这些心灵活动就是心理学的一个任务，而此举一方面可以了解商业关系，另一方面还可以了解那些在这一过程中发挥作用的心灵器官。倘若可以做到这一点，我们就可以弄清楚个体和社会在促进友好合作这一问题上到底应该采取哪些行动。

在家庭、学校和社会生活中，过失犯罪广泛地存在着，可以说，其身影在绝大多数团体、组织或机构中均可以看到。有些人从不曾替同伴着想，只想着自己出风头，这样的人极其常见。当然，最终善有善报，恶有恶报，那些不替他人着想的人常常会得到应有的下场。有时候，惩罚要等相当长的时间才会降临到当事人身上，这或许就是所谓的"善有善报，恶有恶报，不是不报，时辰未到"吧。那些从不曾以自身行为进行认真检讨的当事人，压根儿不清楚凡事皆有因果这一道理，所以当姗姗来迟的惩罚终于出现在其眼前时，他们不仅无法想到当下的惩罚与自己从前的行为存在着无法分割的必然联系，甚至还会因此替自己的不幸大呼冤枉。这类人通常不会有什么好下场，因为其他人不会继续忍受其冷漠淡薄，不会继续对其百般殷勤、好心照顾，并且最终会选择离开他们。

经过深入研究我们发现，无论过失犯罪的理由有多么充分，就本质而言，它仍旧属于愤世嫉俗的一种表现形式。例如，某司机超速驾驶撞了人，他会用赶赴重要约会为借口替自己的行为开脱。我们可以从此例子中发现，这个肇事司机将自己的私人小事看得远比他人的生命还重要，因此他才会一不小心给他人带来生命危险。总之，倘若一个人认为个人私事重于公共利益，那么这就代表着他对人类社会心怀某种程度的敌意和憎恨。

第三章

非攻击型性格特征

有些性格特征并不曾将其对人类社会的敌意公开表示出来，不过却给人一种充满敌意的孤绝印象，此类性格特征均可用非攻击型性格特征来称呼。非攻击型性格特征所表现出的敌意就如同静静流淌、蜿蜒而行的山间小溪一样，经常令人觉得隐秘曲折、难以分辨。具有此类性格特征的人是一些从不曾对他人造成伤害之人，他们远离社会和人群，回避一切社交往来，并且因为自身的孤立和封闭极难与他人合作。可问题是，人生的任务大多要靠合作才能完成。与那些公开向社会宣战的人一样，远离社会的人极可能也对人类社会心存极深的敌意。

关于此问题，学者们已经进行了大量的研究，而我们在这里主要详尽地分析几种相对鲜明的性格特征。接下来，我们首先要对非攻击型性格特征即避世和胆怯进行讨论。

一、避世

避世和孤立存在着不同类型的表现形式。远离社会的人通常少言寡语，会以沉默的姿态出现在众人面前；他们不习惯直视他人的眼睛，不喜欢倾听，或者在他人讲话时经常心不在焉。远离社会的人在一切社会关系中，甚至在最简单的社会关系中也会摆出一副拒人于千里之外的冷漠态度。这种冷漠态度相当明显，从其一举一动、一言一行中，例如其握手的方式、说话的腔调以及打招呼或拒绝打招呼的样子，均可以看出来。可以说，他们好像在用这些姿态向大家宣布：我们和你们之间是存在距离的。

事实上，在此类人表现出的每一个冷漠孤绝的姿态背后均涌动着野心和虚荣的暗流。换言之，他们实际上是打算借助于强调自己和社会之间的差异以抬高自己，从而让自己获得高高在上的优越感。不过很显然，他们最多可以获得一种假想的荣耀罢了。由此可见，这些自我放逐者的态度看上去似乎无害，实际上却蕴藏着深刻的敌意。

除个人之外，某些社会群体也会呈现此类孤立特征。大家都知道，有些家庭会闭门塞户，将自己紧紧地封闭起来，拒绝与外部世界接触。从此类姿态中，我们可以清晰地看出其对外部世界的敌意、自负以及他们认为自己远比其他更好、更高贵的信念。孤立和封闭还可以成为一个阶级、一个种族或国家的特征。大家或许经常经历以下情形：当你来到一个陌生城市时，你会发现这个城市的住宅样式五花八门，而依据不同的建筑风格，你就能大致判断出屋主的社会阶层和地位。

人类社会中存在一种根深蒂固的倾向，即把人划分为彼此隔阂的民族、教派和阶级。隔阂一定会造成一个不良后果，那就是各种古老的传统越来越封闭、越来越无法跟上时代的步伐，最终它们之间积累了越来越多的难以调和的矛盾，而那些别有用心之人就恰好利用了这些潜在的矛盾，进而在不同群体之间挑起事端，以满足自己的虚荣心。借助于这种方式来满足其虚荣心的阶层或者个体通常都自视甚高，认为自己出类拔萃、道德高尚，而且他们还会想尽办法证明其他人不好。

这些斗士们这样煞费苦心地强调阶级或民族之间的矛盾的主要原因是为了将其个人的人格和优越感抬高。如果在其挑拨下发生了何种不幸的事情，例如后果惨烈的世界大战，那么挑起事端的他们也绝不会因此而自责。事实上，这些人如此喜欢兴风作浪的原因就在于其内心深处一直萦绕着一股不安全感。为了将心中的不安驱除，他们就企图用牺牲他人利益的方式将自己的优越地位和独立姿态体现出来，而如此做的结果就是，他们会离人群越来越远，越来越孤立，最终落到无人响应的可悲下场。很明显，此类人在人类社会中通常极难得到较大的发展。

二、焦虑

厌世者的性格中一般均带有某种程度的焦虑。焦虑作为一种相当普遍的性格特征，会和一个人相伴终生，令其人生充满痛苦，令其不能和其他人交往，并且还会让其失去享有平静生活或为世界做出卓越贡献的信心和希望。焦虑可以对人的所有活动施加影响，换言之，一个人可能因为焦虑而害怕面对外部世界，也可能因为焦虑而害怕审视自己的内心。

一个人若是因为害怕孤独而倍感焦虑，那么他就会想办法逃避孤独；一个人若是因为害怕社会而感到焦虑，那么他一样也会选择逃避社会。在焦虑者中间，仅顾自己而不替同伴着想的人就是我们所熟知的。这类人只要一想到自己一定要面对某个生活问题，就会自然而然地表现出焦虑等情绪。例如，当他们要开始做某件事的时候，无论此事是难或易，无论是走出家门或是与朋友告别，也无论是获得一份工作还是谈恋爱，焦虑永远是其第一外在反应。

这类人和社会生活以及其他人通常极少发生联系，因此一旦遇到风吹草动，他们就会紧张不安，害怕自己会遇到任何危险。很明显，焦虑这种性格特征对于焦虑者人格的发展会产生严重的阻碍，并且会令其丧失为公共利益做贡献的能力。并非每一位焦虑者都会因紧张而浑身发抖或者转身逃跑，他们有时也会放慢脚步、磨磨蹭蹭，并且为了逃避责任而尽力找出诸多理由和借口。

这些人每天忧心忡忡、提心吊胆，却从不曾意识到以下规律：就算可以躲过此次也是无用的，倘若新的情况出现，他们肯定还会焦虑万分。

耐人寻味的是，有些人总喜欢回忆过去或者思考与死亡相关的问题。事实上，他们回忆过去是为了自我放逐。不过，因为回忆过去这一行为通常不会对他人造成不利影响，所以相当多的人认为沉浸在回忆之中并非一件特别坏的事情。还有一些人喜欢为了逃避一些责任和义务而寻找借口，他们这样做是因为其心中充满了对死亡和疾病的忧惧。为了逃避现实生活中的责任和义务，他们对万事皆空、人生苦短以及未来难以预料等悲观论调大加宣传。

另外一些人则将希望全都寄托在了天堂和来世上，这与宣扬万事皆空的道理相同，对仅着眼于来世的人来说，现世的人生不过是一种徒劳的挣扎，是一段毫无意义的生命历程。喜欢回忆过去的人常常会想办法逃避任何考验，原因在于其虚荣和野心禁止其接受有可能将自身价值暴露出来的一切考验。我们在关注死亡和来世的人身上发现，他们实际上与沉溺于回忆的人一样，追求的均是成为如同神那样的伟大人物，希望凌驾于他人之上，想要拥有征服死亡和疾病的能力，而这样狂妄的野心正是让他们无法适应生活的原因所在。

假若儿童被丢下，孤零零的没人管，就会吓得发抖，这就是焦虑最初、最简单的表现。对于这样的儿童而言，就算是有人陪在其身边，也无法令其得到满足——他要求陪伴另有目的。倘若母亲不在身边，他就会异常焦虑，要将她叫回来。此举事实上指明了，于他而言，母亲是否在身边并不重要，重要的是母亲要听他的号令，受他的支配。由此可见，此类儿童不但没有养成独立人格，而且因为大人的教育方法不当，使得他懂得了怎样不择手段地向他人索取。

大家或许都清楚儿童表达焦虑的方式的。儿童身处黑暗之中，是极难将周围环境看清楚的，于是此时他们就会产生异常强烈的焦虑情绪，不得不用焦躁不安的哭叫声将黑暗带来的失落和恐惧填充。倘若有人听到哭叫声匆匆赶至其身边，那么我们前文所描述的情形就极有可能发生：他会令其家人陪在他的身边，与之一起玩耍，等等。倘若别人按其所说的做了，其焦虑之感就会马上烟消云散；倘若其感到安全感和优越感受到了威胁，于是又会变得焦躁不安，然后就会又一次为了巩固自己的支配地位而利用焦虑。

成人世界中也存在与之类似的现象。有些人讨厌一个人出门，这类人通常举止都相当特别，我们差不多一眼就可以将其认出来。例如，他们走在大街上的时候，相当紧张，双眼总在不安地四处逡巡着；他们中的一些人特别不愿意挪窝儿，不喜欢到处闲逛；还有一些人则行动起来快步如飞，好像后面有敌人在追赶似的。生活中也的确存在这样的女人，虽然她并不是体弱不支的病人，不过过马路的时候一定要让他人搀扶着；虽然她平时行走自如，身体也特别健康，不过但凡遇到困难，就算是微不足道的小事，她也会感到焦虑和恐惧，例如有时候她一踏出家门，内心就会油然而生焦虑和不安全感。

在此方面，恐旷症（也就是极易于空旷环境中产生恐惧感的一种精神病症）就是一个极有意思的例子。恐旷症的一般表现是：患者总是感觉自己会受到某种恶意伤害，并且确信自己会因为某物而与其他人截然区分开来。除此之外，此类患者还存在担心自己可能摔倒的恐惧，不过于我们看来，这仅仅说明他认为自己高高在上、备受尊崇而已。由此可见，就算是病理性的恐惧，其中也隐含着对权力和优越感的追求。于相当多的人而言，很明显，焦虑就是一种可以用来强迫他们陪在自己身边、与自己形影不离的有效手段。我们经常可以看到此类现象：倘若有人要离开房间，焦虑患者就会再度陷入焦虑状态，所以无人敢走开，每个人均要对其唯命是从，均要以焦虑患者的脸色来行事。这样一来，焦虑者就会以焦虑为手段为其周围的人制定一条法律并将之强加于他人：由于他是统治所有人的国王，所以人人均要围绕着他转，而他根本不去考虑任何人的感受。

个人倘若想消除恐惧，只能将个人的命运和整个人类的命运联系起来；个人倘若想坦荡地过完一生，意识到自己属于整个人类是唯一的方法。

我们再来看一个发生于奥地利的有意思的例子。在那段时间里，相当多的病人突然宣称他们无法前来就诊。而他们给的理由几乎相同，那就是时局动荡不安，没人可以保证会在街上碰到怎样的人；如果衣着比他人略好一些，那就更不清楚会发生什么样的事情了。

在那个年代，人们通常意志消沉、心情黯淡，不过引人注意的是，这种结论仅是这些病人得出的。是什么原因让他们如此想呢？实际上，他们如此担惊受怕情有可原，因为他们几乎从不曾与其他人接触过，一旦身处非常时期，像动荡年代，他们就会感到自己的处境相当危险。至于其他人，由于认为自己是社会的一分子，所以不会产生这么深刻的焦虑感，仍旧过着正常的生活。

胆怯是一种不太突出、相当温和的焦虑形式，在此之前，我们就焦虑问题所讲的所有内容均适用于胆怯。倘若儿童患有胆怯的毛病，那么就算是在极其简单的社会关系中，他均会尽可能地逃避与任何人的交际往来，或者是把他早已建立起来的关系毁掉。胆怯的儿童不但自卑而且自大，总认为自己相当特别，与其他人不同，他们也因为这种性格特征注定不容易体会到人际交往的快乐。

三、懦弱

有些人认为自己所面临的所有任务均格外艰难，对于做每一件事情都没有做好的信心。懦弱是此类人所共有的一个性格特征。

性格懦弱的人行动通常不大积极，每当面临考验或任务的时候，他们不仅不会干脆利落地将自己分内之事做好，甚至还可能彻底停滞不前。某些不安心工作的人就属于此类型。这些人会突然之间发现自己压根儿无法适应自己选择的职业，甚至还会想出诸多强词夺理、牵强附会的理由，希望彻底放弃这一职业。除了行动不积极之外，性格懦弱的人还存在小心谨慎的特点，他们对于自己的安全相当在意，从而将大量的心思用于怎样保护自己这一问题，其目的只不过是想要逃避自己应尽的责任罢了。

懦弱这一性格特征相当普遍，个体心理学把与其相关的一切问题均以"距离问题"称呼，并且在此问题上已经获得了明确的结论。倘若按个体心理学的观点，我们绝对可以对一个人做出公正的评价，而且还可以对此人在多大程度上能解决自己人生的三大问题做出判断。第一个问题是解决社会责任感问题（也就是我和你或你们之间的关系，也可以说是个人与他人和社会之间的关系）的方法。具体来说，即一个人到底是采用正确的方式拉近自己和他人之间的关系，还是采用错误的方式阻挠这种关系的发展。第二个和第三个问题则分别针对的是职业和工作问题，以及爱情和婚姻问题。假如可以发现一个人在解决这人生三大问题的过程中所犯的错误，假如可以发现其在多大程度上可以解决这三个问题，那么我们就可以总结出其整体人格，而且依据其所有表现，我们还可以总结出其人性的某些普遍特征。

就像我们在此前指出的那样，一个人养成懦弱的性格的根本原因在于其对远离自己的责任的渴望。除了以上所述灰暗的悲观态度之外，懦弱性格还可能将一些好处带给懦弱之人，为了获得这些好处，有些人宁愿让自己成为一个懦弱之人。倘若懦弱的人在没任何思想准备的情况下从事一件事，那么就算是失败了，人人均认为其情有可原，因此其人格和虚荣心就不会受到重大伤害，其本人也会感到心安理得，认为自己的处境相当安全。

举例来说，他就如同走钢丝，明知下面有一张网，一旦掉下去也会被网接着，因此不管怎样也不会有任何事故发生。除此之外，其自我价值感也不会受到威胁，原因是他可以将自己在完成任务的过程中遇到的各种障碍一一罗列出来，并以此为理由，例如，他或许会说，倘若早一点儿动手，或者倘若提前做好准备，那么必然会成功。由此可见，他将责任推到杂七杂八的环境因素上，而非其本人的缺陷，并声称正是因为这些因素的干扰才造成他辜负了众人的期望，进而不能承担起自己的责任。不过倘若其在不做任何准备的情况下获得了成功，那么这一成功就显得格外伟大了。

道理相当简单，倘若一个人一直在勤勤恳恳地履行自己的职责，那么人们通常不会对其成功感到惊讶，原因是在大家看来其成功是理所当然的事情；与之相反的是，倘若此人做事总是磨磨蹭蹭、瞻前顾后，或者不进行充分的准备，不过最终还是顺利地将问题解决了，那么人们必定会对其刮目相看，在大家眼里，他好像成了一个超级英雄，因为他可以用一只手将他人两只手才能完成的事做成。

这就是所谓的心理迂回。心理迂回可以为个体带来一定的好处，不过与此同时，个体的野心和虚荣心也在这种迂回的态度中暴露出来，并且其喜欢扮演英雄角色（至少有此类感觉也行）的特点也会被暴露出来。可以说，当个体采取这种态度的时候，其目的就是为了满足自我膨胀感，为了让自己获得更多的特殊权力。

接下来，我们一起来看看另外一些打算逃避生活的人。为了逃避自己面临的人生问题，这些人一般会给自己制造一些障碍；如果实在无法躲开，他们就持不情不愿、犹犹豫豫、磨磨蹭蹭的态度做事。我们可以从其迂回的态度中找到像懒惰、散漫、频频跳槽、玩忽职守等一切恶习。这种迂回的生活态度甚至还会在某些人的举手投足之间表现出来，例如，有些人走路步态轻盈灵活，给人一种轻灵的感觉，而这些人形成这样的走路姿势的原因就在于其下隐藏着内在的问题。我们姑且认为，这种人是一些打算借助于迂回的手段逃避生活责任的人。

关于这一点，我们可以举生活中一个真实的例子来详明地阐述。一个男子厌倦了生活，对生活彻底失望了，任何东西均无法令他快乐起来，而且他还一门心思地想自杀。由他整体状态而言，此人差不多已经成了一个苟延残喘的行尸走肉。在为他治疗的过程中，我们了解到了以下情况：他是家中三兄弟中的长子；他的父亲是一个雄心勃勃之人，充满活力，不屈不挠，而且相当有成就；作为家里的宠儿，他被大家寄予厚望，期望他有一天可以子承父业；他母亲在很早的时候就离开了人世，不过或许由于得到了父亲的悉心关怀，他与继母之间相处得很融洽。

作为长子，他极其崇拜权力和力量，甚至达到了盲目的地步。他的一举一动，每一个性格特征，均带有霸道的色彩。他在学校里始终是班里的佼佼者。毕业之后，他继承了父亲的事业，对周围的人一贯乐善好施、相当亲切。他讲话态度和善，对待员工也相当好，付给他们最高的工资，并且还极其通情达理，对员工的合理请求一直是有求必应。

不过，发生社会变革之后，他突然发生了变化。他开始不停地抱怨员工们的行为没规矩，并苦恼不堪。换作从前，倘若需要什么，他们均会来请求他，不过如今呢，他们是在向他提要求。他因此感到特别怨愤，以至于满脑子想的都是甩手不干了。

我们可以从这些表现中清楚地发现他的确是在运用迂回的生活态度。平时，他是一个心地善良的管理者，不过这一切均是在他一定要牢牢地把持着权力的前提下，而一旦他的权威受到了侵犯，他那绅士风度就会随之消失得无影无踪。他的人生哲学不仅对工厂的经营造成了妨碍，而且也对个人生活造成了妨碍。倘若他并非如此急着向他人证明自己是家庭的主人，那么在生活上还是可以让人接近的。不过他无法做到这一点——在他看来，运用个人权力去控制其他人才是唯一重要的事。然而，不管是从社会关系的角度而言，还是从商业活动的角度而言，这种权力专制都是行不通的。最终的结果就是，他无法在工作中享受任何坐拥权力的快乐，于是就打算放弃事业。可以说，这种态度就是在对那些难以驾驭的员工们进行无声的谴责和打击。

事情发展到了如此地步，他仅能依靠虚荣心继续撑下去了。可是，社会大环境忽然发生了改变，他由此受到了更加严重的影响。因为自身发展相当狭窄，所以他极难随机应变、与时俱进，也极难再发展出一套新的行为准则。换言之，他差不多无任何发展空间，原因在于其人生目标相当单一，拥有权力和高高在上、不容侵犯的地位成为他唯一渴望的东西。当他无力驾驭现实生活的时候，就仅能依靠虚荣来维护自己的人生目标了，于是虚荣得以在其性格中占据主导地位。

我们在调查过程中发现，他的社会关系极为残缺。就像我们预料到的那样，聚拢在其周围的均是一些将他看作相当优秀且愿意对其俯首称臣之人。不过，他本人特别刻薄，加上又特别聪明，所以时常会讲些虽然有道理不过却极伤人的话。因为他的这种尖酸刻薄，他的朋友们渐渐疏远了他。结果就是，他始终无法交上一个可以推心置腹的好朋友，仅能借助于不同类型的娱乐方式以弥补自己在人际关系上的缺失。

可是，一旦遇到爱情和婚姻问题，其残破的人格就露出了庐山真面目。不难预料他会在爱情中获得怎样的结局，原因是爱情要求双方达到最深刻、最亲密无间的结合，压根儿无法容忍专横傲慢的个人欲望。他既然始终习惯当主宰者，那么必定会为自己挑选一位称心如意的婚姻伴侣。通常情况下，那种专横傲慢、执迷于追求优越感的人必定不愿意找一个弱者作为伴侣，相反他们更愿意找一个坚强的人做伴侣，如此一来他就可以不断地征服对方并在每一次征服中品尝到新的胜利滋味。既然这样，那么其理想伴侣当然就会具有与其同样强硬的性格。结果，两个性格相近之人走到了一起，他们的婚姻必然会成为一场永无休止的战争。后来，我们的病人果真与一个在许多方面甚至比他还专横的女子结为伴侣。夫妻二人均各执己见、互不相让，并且用尽所有的方法和手段维护各自的支配地位。他们二人因为这场婚姻战争关系变得越来越疏远，不过二人又不敢离婚，原因是没人愿意主动停战，人人均想成为最后的赢家。

在与妻子闹得无法调解的时候，我们的病人做了一个梦，他当时的心境被这个梦极好地诠释了出来。在梦中，他说自己与一个看样子是女仆的年轻女子说话，这个女子令他想起了自己的秘书，他在梦里对她说："不过你要清楚，我是拥有贵族血统的。"

这个梦实际上相当好解释，即他自视甚高，瞧不起他人。在他眼里，其他人都如同仆人一样，不但没教养而且身份卑微，尤其女人更是这样。倘若将这个梦与现实联系起来，要知道当时他恰好和妻子处于战争状态，那么我们就完全可以肯定梦中的那个女子就是妻子的代表。

我们的病人无法获得他人的理解，甚至其本人也无法理解自己。他整天得意地忙碌着，仅为了满足自己的虚荣心。他不喜欢正视社会现实，并且还自命不凡，要求他人对其高贵身份予以确认，虽然这是压根儿不可能被证实的事；与此同时，他又瞧不上任何人，认为自己是唯一一个值得一提的人。可想而知，这样的人生是不可能和爱与友情发生关系的。

采取这种迂回态度的人常常会竭力替自己的行为寻找诸多冠冕堂皇的理由，不过这些理由通常均是其一家之谈，并不具备普遍适用性。换言之，他们所有的理由倘若就事论事听起来好像合情合理，且相当好理解，不过倘若用其来解释其他事情就明显无法讲通了。让我们以一个例子来说明吧，我们的病人认为自己的责任是推动社会的文明进步，于是就行动起来，加入了一个兄弟会。他将自己全部的时间均耗费在那里，喝酒、打牌以及诸如此类没有任何意义的活动上，不过他自己却认为这是唯一可以将朋友聚拢于自己身边的办法。

他每天要夜里很晚才回家，次日会因此而昏昏欲睡、疲惫不堪。后来他明显有所醒悟，于是就提醒大家，声称倘若一个人想推动社会的文明进步，那么他至少可以不总去俱乐部之类的地方。

倘若我们的病人在与朋友聚会的同时也不曾耽误自己的工作，那么他所给出的理由（推动社会的文明进步）也许还可以说得过去。不过就像我们所预料的那样，他原本赌咒发誓要推动社会的文明进步，可最终的结果却是将真正的人生任务给忽视了。由此可见，虽然其理由听上去铿锵有力、堂而皇之，不过其实际行动明显是错误的。

此病例充分地说明了一个道理，即令我们偏离正常发展路线的并非我们的实际经历，而是我们对实际经历的态度与评价，是我们评价和衡量实际经历的方式。在这一问题上，我们每个人均有可能犯错误。我们可以从此病例以及其他类似的病例中发现一连串明显的错误，并且发现病人们极可能继续错下去。所以，我们在将病人的相关资料掌握之后，一定要结合其整体行为模式来对这些资料进行仔细分析，如此方能全面而透彻地了解其错误，从而想出帮助其纠正错误的恰当办法。

我们的治疗过程和教育特别相似，原因是教育仅仅是为了纠正错误。倘若打算将一个人在发展过程中所犯的错误予以彻底的纠正，我们首先一定要弄清楚此人对于自己的实际经历是怎样解释的，然后还要进一步弄清楚其错误解释是怎样令其走上错误的发展道路并最终导致可悲的结局的。在这一点上，我们必须要佩服古人的智慧，因为复仇女神涅墨西斯就是他们创造出来的，这足以证明他们已经懂得了或者至少预感到了以下道理：善有善报，恶有恶报。

发展方向的错误一定会导致结果的不幸，同样的，对个人权力的盲目崇拜会导致其置公共利益于不顾。倘若一个人对个人权力的渴望特别强烈，那么他就会存在采用迂回的手段实现个人目标的可能性，并且也存在将同伴的利益置之不顾的可能性，如此一来他内心将会永远处于恐惧之中，一直担心自己会失败，于是他极可能会患上某些神经性疾病或者表现得特别神经质，而其整体发展也会因为这些神经性疾病而受到妨碍。从他小心翼翼、紧张不安的表现中就可以看出，他每迈出一步均会特别犹豫，认为前面好像有极大的危险在等着他。

逃避社会的人通常极难在社会上立足。对所有人而言，倘若想在社会上立足，就不能只想着做高高在上的主宰者，不能仅想着将其他人控制住，而是要有一定的适应能力和包容力，要乐于帮助他人。这可以称得上是一条具有普遍适用性的行为准则，其正确性已经在许多人的身上得到了验证。我们知道，有些人与他人交往时通常表现得极其礼貌，从不令他人感到困扰，不过他们却不能打动人心，不能让他人感到温暖亲切。出现此类现象的原因就在于这些人将太多的权力欲暴露了出来，极易让他人感到压力，如此一来，他人自然也就不喜欢与之亲近了。

倘若要用相当形象的语言描述此类人，我们可以这样说：他安静地坐在一隅，看上去相当难过；他与别人单独交流时可以侃侃而谈，却不愿意在大庭广众之下发表任何见解。这种性格特征经常会体现在某些细枝末节的问题上。例如，他会竭力证明自己是正确的，而一旦证明了自己是对的，他人是错的，那么于他而言，那些证据本身就会马上变得毫无价值，原因是他所关心的仅仅是最后的结论以及由结论获得的优越感。除此之外，持迂回态度的他或许还会有一些莫名其妙的表现，例如莫名其妙的疲乏、虽然特别忙碌却不清楚忙的目的、翻来覆去无法入睡、满腹牢骚看什么都不顺眼，等等。总之，除了絮絮叨叨的抱怨和牢骚之外，我们从他那里再也听不到任何其他东西；他看上去就如同一个病人，一个"神经病"。

事实上，他每种表现均可算得上是一种别有用心的狡猾手段，其目的就是将自己的注意力转移，进而让自己无法看到那些可怕的真相。他选择如此迂回手段的原因，绝对是情有可原的。试想那些对于黑暗极端恐惧的人，他们必定对黑夜这种自然现象极其厌恶吧！我们可以描述这样的人，对于生活在这个世界上，他一点儿也不心甘情愿，压根儿没打算与自然规律妥协；唯一可以令其获得满足的事情就是让黑夜永远消失，他坚持认为唯有如此自己才能过上正常的生活。无须多言我们就清楚，其人生目标和愿望是无法实现的，而其居心叵测和是一个永远仅想对生活说"不"的人却恰好暴露出来。

当一定要解决的问题将此类人吓倒时，当此类人打算将日常生活中自己理应尽的责任和义务逃避开时，他就极易产生诸多类型的神经质症状。除此之外，出于逃避那些人类社会个人所必须承担的责任和义务的目的，他会极尽所能地为自己寻找理由以便开脱，例如，他或许会为了拖延时间找到一个尚且说得过去的理由，或者为了让自己再也无须亲自处理某个问题而干脆找个借口。这种做法不但会对身边的人造成不利的影响，而且其波及面还会更大，甚至会有伤害到其他人的可能性。

倘若我们可以透彻地了解人性的本质，并且可以洞悉那些可怕的、造成各类悲剧结局的潜在因素，那么也许就可以有效地防止人们犯不同类型的错误了。不过，因为存在一定的时间跨度，而且还存在诸多不同类型的复杂情况，所以我们一时之间极难将恶行与报应之间的直接关联找出来，更无法从中获得什么富有启发性的结论了。那么，究竟如何做才能防范此类错误呢？显然，把所有错误简单地归咎为"有因必有果"或者"善有善报，恶有恶报"之类的规律是不行的。我们认为，倘若想找出一个人所有行为之间的因果关联，进而找到其最早发生错误的时间，唯有把这个人整个一生的行为模式总结出来，然后再对此人的个人历史进行深入而细致的分析研究。

四、不文明表现和适应能力差

例如啃指甲、挖鼻孔或者在宴席上狼吞虎咽等人们公认的不文明或缺乏教养的性格特征。当你发现一个人如同恶狼一样扑向食物时，当你看到此人既无节制又不知羞耻地对食物流露出贪婪的表情时，你就会真正明白何为没教养了。听，他吃饭的声音是那么响！转眼之间，他就将食物大口大口地吞进了肚子，那食物好像掉进了无底洞似的！他吞咽的速度是那么快！他的饭量是那么大！而且他竟然可以始终在吃！在现实生活中，我们经常可以看到一刻不吃东西就难受得要死的人。相信大家都见过此类人吧？

肮脏和邋遢是另外一种不文明的表现。这里所指的并非人们在工作过程中所表现出来的忙乱或不拘小节，而是那些平时游手好闲、无所事事的人所表现出来的邋里邋遢、不修边幅。此类人好像在故意用脏乱的外表吸引人的注意，他们的这种表现已经成为其标志，如同倘若不邋遢到令人恶心的程度就不是他们一样。

以上所讲的仅仅是没教养的人所表现出来的一些外在特征，这些表现充分说明，此人并不愿意遵守人类社会的游戏规则，他真正想要的是远离他人并且与他人有所区别。我们绝对相信，行为如此粗野的人必定无法为他人带来任何好处。差不多大多数不文明行为均从幼时就已经开始了，换言之，没有哪个儿童在其成长过程中不犯错误。令人遗憾的是，有些人成年后依旧不曾纠正儿时的错误，并始终保持着当年的不文明行为。

有些人之所以会如此没教养、不文明，是因为其在某种程度上不喜欢和他人接触。每一个缺乏教养的人均希望与社会生活保持一定的距离，均不喜欢和他人合作。除此之外，如果有人劝其改掉不良习惯，他们一概不听。对于这一点相当好理解，原因是当一个人对于遵守人类社会的规则予以拒绝时，他理所当然会认为啃指甲之类的行为是正确的。的确，倘若想躲开他人，最好和最有效的方法就是脏兮兮的衣领和油渍斑斑的衣着了。这是由于人们对于一个人邋里邋遢的外表总会避之唯恐不及，因此于他而言，除了一直用这种方式示人，还会存在其他可以助其更加顺利地躲过批评、竞争以及他人注意的方法吗？还会存在其他可以令其顺利地逃避爱情和婚姻的方法吗？他或许会在发展过程中遭遇失败，不过他却将一个实实在在的理由握在手中，那就是他可以把所有失败归咎于自己的不文明行为，他会公开宣称："倘若改掉这个坏习惯，我可以做成任何事情。"不过随后他就会自言自语地说："不过不幸的是，我的确有这样的坏习惯。"

我们来看一个例子，在此例子中，不文明行为俨然成为一种用以保护自己和令自己可以横行霸道的手段。这是一个二十二岁还尿床的女孩。作为家中排行倒数第二的孩子，因为体弱多病，她获得了母亲的格外照顾，而她对于母亲也过分依赖，想要母亲日夜不停地守在自己身边。于是，为了达到目的，她白天采用焦虑这一手段，夜里则借助于惊恐和尿床将母亲系在自己身边。最初，于她而言肯定会获得一些胜利，这是对其虚荣心的慰藉。虽然这种手段不正当，但是以牺牲兄弟姐妹所应得的照料为代价，她最终达到了让母亲待在自己身边的目的。

不善于交友，不善于融入社会，也无法去学校上学是这个女孩的另一个特点。每当必须要出家门的时候，她就相当焦虑；就算是长大之后，她也会因为傍晚出门办事或一个人在夜色中行走而无比苦恼。从外面回到家里之后，她始终是一副精疲力竭、惶恐不安的样子，并且会将自己在路上遇到的诸多可怕之事告诉家人。这一切表现均代表着她打算一直待在母亲身边。不过，因为经济状况的限制，家里不得不为她找一份工作。最后，她差不多是被赶出家门去上班的。不过只工作了两天，她尿床的老毛病又犯了，老板对此相当生气，无奈之下她只好放弃这份工作。母亲不清楚女儿生病的真正原因，于是将她狠狠地训了一顿。女儿企图自杀，所幸自杀没有成功。如此一来，母亲只好发誓说自己永远不会离开她。

实际上，在我们看来，尿床、恐惧黑夜、害怕一个人独处以及企图自杀均是为了达到一个共同的目标，那就是以此说明："我一定要待在母亲身边，母亲一定要对我予以时刻不停地关心！"由此可见，尿床这一不文明行为的确具有深刻的象征意义。截至目前，我们理应达成这样一种共识：依据此类不良习惯，我们可以对一个人做出恰当的判断；我们在彻底了解此人后，才能依据其生活背景纠正以上坏习惯。

总之，通常情况下，儿童的不文明行为和不良习惯均是为了引起大人们的注意，这种方法均是那些企图扮演重要角色或是企图让父母看看其有多软弱、多无助的儿童通常采用的。大家都清楚，当家里来了陌生的客人时，儿童一般会有"人来疯"的表现。同样的，此类行为旨在引起大人们的注意。有时候，就算是守规矩的好孩子，一旦家里来客人时，他们也会如同恶魔附体一般调皮。此类儿童唯一的目标就是想扮演某种角色，为此甚至不达目的誓不罢休；长大之后，他们会借助于诸多不文明行为以逃避社会的责任，或者为他人制造麻烦，从而破坏社会和谐和公共利益。在每种此类表现的背后，均隐藏着一颗专横傲慢、野心勃勃的虚荣心，不过，因为此类表现形形色色、变化多端，加之伪装得相当巧妙，所以我们一般极难立刻辨认出到底是何物诱发了这些不良习惯。

第四章

性格的其他表现形式

一、愉快

我们已经注意到，如果能够了解一个人为他人提供帮助的程度或者为他人带去快乐的程度，那么我们就能够轻松地将此人到底具备多少社会感判断出来。倘若一个人可以将快乐带给他人，那么他就会显得相当风趣，从而赢得更多的关注；倘若一个人一直保持快乐，那么他就会显得平易近人。人们通常对于此类人特别喜欢，觉得他极具同情心和人情味儿，并且认为其以上表现均是富有社会感的标志。

在生活中，我们总可以遇到这样一些人：他们看上去一直是兴高采烈的，从不沮丧或忧心忡忡，就算是心情很糟糕，也从不令自己的恶劣情绪对他人造成影响；只要与他人在一起，他们就可以把快乐传递给对方，从而令生活显得更加美好、更加有意义；大家均认为他们是好人，认为不管其所作所为，还是待人接物的态度、说话的方式以及对其他人的体贴关心，抑或是其衣着、姿势、快乐的情绪和笑声等外在表现，均相当好。

陀思妥耶夫斯基可以算得上是一位目光深远的心理专家，他曾说："相比乏味的心理学理论，借助于一个人的笑容反而更容易认识此人的性格。"当然，笑的种类有很多种，有的笑声可以令人们走到一起，有的笑声则会将人与人之间的关系破坏，例如那些缺乏同情心的人就喜欢发出幸灾乐祸的笑声。有些人不会笑，他们避开社会，躲开人群，不但不具备为他人带来快乐的能力，甚至无法令自己快乐起来。还有一小部分人，无论身处怎样的情况下，他们均仅盯着生活中悲苦的一面，从不曾往好处想，因此人人均极难从他们身上感受到快乐；他们所到之处阴云密布，就如同他们是特意要将那里的一切光明遮蔽似的；他们脸上不存在丝毫笑意，唯有在不得已的时候，或是打算给人留下愉快的印象时，他们才会勉强露出笑容。讲到此处，大家就应该可以看出极具同情心的人和对人类社会充满敌意的人究竟存在何种本质的区别了。

和富有同情心的人截然相反的就是那些喜欢败坏他人兴致和对他人横加干涉之人。这类人大张旗鼓地宣称整个世界就是悲伤和痛苦的深渊；他们迈着沉重的步伐行走在人生之路上，好像无法忍受生活的重负一样；他们会夸大每一个极小的困难，在他们眼里，前途永远都惨淡并且让人沮丧；除此之外，每当别人心情愉快之时，他们总是抓住所有机会在旁边泼冷水、说一些乐极生悲之类的话。由此可见，不管是对自己，还是对其他人，他们均为彻底的悲观主义者。倘若周围有谁过得好，他们就会焦躁不安，打算在人家的幸福生活中寻找到一些不幸的东西。他们不仅可以说出诸多令人家兴致败坏的事情，而且还会为了干扰人家采取某些行动，结果就是，他们的行为不但对他人的幸福生活造成妨害，而且也令人感觉到其身上不存在任何人情味儿。

二、思维方式和表达方式

有些人极易给他人留下特别深刻的印象，原因在于他们的思维方式和表达方式常常给人以不真实、不自然的感觉。每当他们思考或说话之时，思维好像被诸多名言警句和俗语套话控制住一样，这类人一张嘴，我们就能猜到他们要说什么。他们满嘴套话，说出的均为不入流的小报上学来的陈词滥调，听起来如同廉价小说一样。我们可以从这种表达方式中清楚地看出其到底是怎样的人。这类人的许多想法和言辞是普通人不说或者无法说出口的，其言谈粗鄙庸俗的程度有时甚至达到了令其本人都会感到惊诧无比的地步。他们在面对所有的问题时，均会熟练地讲出一套老生常谈来，均会按照小报和电影上的老套路来思考并行动，不过他人是如何看待此问题的，他们却一无所知。总而言之，除了那些陈词滥调之外，他们再不曾存在任何其他想法了。可以确定的是，这恰好说明他们的心智不曾得到充分发展。

三、孩子气

大家或许会经常遇到下面这些人：他们给人的印象是好像早在小学生阶段其发展就已停顿下来，此后再不曾超越这一阶段。不管是在家中、工作中或社会上，其表现均像孩子一样，他们可以一边投入地听着，一边急于找到机会将自己的意见发表出来。他们在公共场合一直是抢着回答所有的问题，好像急切地让大家清楚他们是"万事通"，然后好为他们打个高分。这类人有一个重要特征，即他们仅在固定的生活环境中才会有安全感，一旦发现环境发生了变化，以至于自己那套孩子气的做法明显不够用了，他们就会忧心忡忡、焦虑不安。通常情况下，这种人在知识阶层中更为常见。每当置身于一个略感陌生的场合，他们或许会存在截然相反的两种表现，或是冷淡、严肃、令人难以接近，或是无所不知、无所不晓的"万事通"，不但可以胸有成竹、满腹经纶，而且可以举一反三、触类旁通。

四、学究气和坚持原则

有趣的是，学究气十足的人常常喜欢采用惯常的做法，那就是在处理所有的事情时会依据一个他们认为具有普遍适用性的原则。这一原则可以称之为他们的信仰，是他们必备的精神宝典；一旦遇到任何无法用此原则进行解释的事情，他们必定会耿耿于怀、无比惆怅。我们极其清楚的是，这类人之所以有这样的表现正是因为他们缺乏安全感。倘若不想被生活吓倒或打败，就一定要让有限的法则和定律将人生中存在的一切包括进去。倘若遇到不曾纳入法则或定律制约的情况，他们唯一的选择就是逃跑；倘若他人遵循的法则与自己的不一样，他们就会认为自己受到了伤害，于是就会相当不开心。

可以确定的是，一个人必定会因为这种坚持原则、不知变通的做法而获得极大的权力感，一个对于原则过分坚持的人必定会认为自己已将真理彻底掌握在手中。有相当多的人在现实生活中高举"一切出于良心目的"的旗号拒绝服兵役，不过这种行为事实上就是一种反社会行为。我们认为，这些以良心为借口拒绝服兵役者反复强调良心的根本原因在于，他们的内心充满着特别强烈的虚荣心和控制欲。

过于坚持原则的人就算是在工作中兢兢业业、成绩突出，其身上那股迂腐而乏味的学究气还是相当鲜明的。他们通常不具备创新精神，兴趣狭窄，头脑中充满了诸多不可思议的古怪念头。例如，他们中的有些人或许会有仅在楼梯的外侧或石板路的裂缝处行走的怪习惯；这类人通常对生活中的真人真事不存在任何同情心，他们为了坚持自己的原则付出大量的时间和精力，时间一长，必然会出现为人越来越固执乖张、刚愎自用，与周围的环境无法协调一致的结果。因为他们始终受自己的那套原则所限而不知变通，对于"无规矩不足以成方圆"的原则坚信不疑，并且坚信倘若失去了自己那套神奇的法则和定律，就会一事无成，所以一旦碰到略感陌生的情况，他们就会手足失措、一败涂地。遇到此类危险，他们一定会极其小心谨慎地将所有的变化避开。对于这类人而言，他们有时候甚至连春天的到来也感到难以适应，因为他们极其困难地让自己刚适应了冬天，此时就算是到暖洋洋的户外也会令其心生恐惧，担心遇到更多的人，那么其情绪自然会变得相当糟糕。

总之，这类人属于抱怨自己一到春天就感觉不舒服的类型。这类人通常适应能力较差，所以他们更适合对于创造性要求不高的工作；而且，倘若他们想从事具有挑战性的工作，前提就是将这一毛病改掉。

实际上，这种性格特征仅是一种错误的生活态度，并非遗传而来，也并非无法改变。这类人的心灵被这种生活态度牢牢地占据，进而其人格也被这种生活态度完全控制，最终导致其内心深处被植入各种偏见。

五、顺从

同样的，性格过于恭顺的人也无法从事创造性的工作。这类人仅需有令可听、有计可从就会心安理得，不会存在任何其他想法。换言之，他们会习惯于遵循他人制定的法则与规矩生活，所以差不多会不由自主地选择那些无须付出太多创造性的工作。在日常生活中，我们可以随处看到这种恭顺的态度，例如有的人经常会摆出一副点头哈腰、战战兢兢的姿态，实际上乃是一种恭顺的表现形式。这些人习惯于在他人面前点头哈腰，对他人也言听计从，并且会坚定地执行他人的命令、重复他人的想法。

在其看来，恭顺与服从就代表着敬意。他们的这种观念有时会固执到让人无法相信的程度，例如有些人仅在服从他人的命令时方能感受到真正的快乐。当然，我们的意思并非说仅有那些一直想着掌握着支配权的人才是人类的理想典范，我们只是想指出，如果一个人仅用顺从来解决其人生问题，那么其顺从态度中必定隐含着某种阴暗的东西。

的确有相当多的人将顺从看作人生的一项基本行为规范，并且此项行为规范并非仅对仆从阶层，而是专门针对女性。女性理应具备顺从的美德已经成为一项尽管不曾成文却根深蒂固的行为规范。相当多的人将其视作一个颠扑不破的真理，他们坚信，顺从是女性必须遵从的一条律法。换言之，人类文化遭到这一观念的毒害可谓深矣，人类一切关系均遭到其破坏，其恶劣影响相当深远，以至于直到如今我们还难以将其根除。甚至相当多的女性也持此观念，她们认为自己必须遵守的一条永恒的律法就是恭顺服从。不过话又说回来了，我们的确从不曾见过有从此观念中真正获得好处的；而且，我们偶尔还会听到有人抱怨说，倘若女性无法做到顺从，那么一切均会变了样子，或许会变得更好一些。

六、专横霸道

不同于过于恭顺之人，专横霸道之人和他们有着鲜明的对比。这类人高居支配地位，渴望成为主角。他们终其一生所想的仅有"我如何才可以将他人远远超越、可以高高在上地俯视他人？"这个问题。可想而知，他们的这种愿望必定无法实现。不过，倘若不带过多的敌意，不具备任何侵略行为，那么这类人就某种程度而言还是可以起到良好的作用的。

每当人们需要一个领导者的时候，专横霸道之人就会挺身而出，这是由于他们内心深处存在着可以发号施令、组织群众的渴望。通常情况下，每逢动荡的年代，或者当一个国家处于革命时期，这类人就会脱颖而出，成为时代的弄潮儿。说这类人存在脱颖而出的可能性的原因在于他们具有领导者应有的姿态、态度和欲望，并且通常情况下，他们早就开始为成为一名领导者而做准备了。这类人习惯于在自己家中发号施令；玩游戏的时候，如果不能扮演国王、统治者或将军的角色，他们必定非常不乐意；倘若让他们接受他人的发号施令，对他人俯首听命，那么他们就会感到焦躁不安，或许连最简单的事都无法做。

倘若处于和平年代，那么无论是在商界还是在社会上，他们均会成为团体的领袖；他们勇往直前，总是高居最醒目之处，并且始终想发表意见。虽然我们对于当今社会对这类人的过高评价并不认同，但是倘若他们对社会生活的游戏规则不造成干扰，那么我们无法对其进行指责。可以说，他们是站在深渊边缘的、亦正亦邪的一群人，原因就在于他们在队伍中始终无法做到像普通成员那样守规矩，他们本人也根本不可能想着成为好队友。除此之外，倘若无法用某种方式证明自己的确可以超越其他人，那么他们终其一生都会紧张到极点，内心也无法得到片刻的安宁。

七、情绪和性情

有的心理学家认为，在某种程度上，人的生活方式与工作态度是由其情绪或性情决定的，而此二者是由遗传决定的。事实上，这种观点是非常错误的。情绪和性情并不是遗传而来，过度虚荣和过度敏感是有些人的情绪和性情形成的原因，原因是这类人为自己找到诸多借口表达其对生活的不满。过度敏感就如同伸展开的触角，在遇到新目标之时，总是要先试探一番才会采取下一步行动。

此外，还有一些人看上去一直特别高兴，他们总是强调生活的光明面，总会尽力营造出一种欢乐的气氛，并且一直让其人生的底色充满快乐。这类人所表现出的欢乐情绪程度不同。其中的某些人快乐得如同一个孩子，这样的孩子气中存在着一些让人感动的东西。他们会勇于面对自己的工作，用一种孩子气的游戏态度去解决工作中的问题，就如同参加游戏或猜谜一样。换言之，相比其他任何态度，这种态度最为美好、最让人感动。

这类人当中也有一些人好像快乐得过了头，遇到理应严肃的场合，他们还是嘻嘻哈哈的如同一个孩子一般。对待严肃认真的生活以这种态度是相当不合适的，有时候会给人留下相当坏的印象。如果看到他们做事如此随便，一般情况下我们都会认为他们不可靠，认为他们太过轻浮、不负责任，于是就不会将真正艰巨的任务派给他们，而这种结果正是他们所希望的。不过，这种类型的人也并非没一点儿优点。和这类人在一起工作是相当愉快的事情，原因是他们的快乐和那些每天愁眉苦脸的人形成了鲜明的对比。意即在一般情况下，相比那些带着悲伤与不满情绪、仅能看到生活阴暗面的悲观主义者，快乐的人更容易相处一些。

八、厄运

如果谁将社会生活的绝对真理和必然规律视若无睹，那么他早晚会为此品尝到这一行为的恶果。于心理学角度而言，这是一个最基本的常识。通常情况下，犯这种错误的人并非可以由失败中吸取教训，而是会将不幸当作上天对他的不公正待遇，是一种厄运。我们甚至可以在这些不幸的人身上发现一种因为被厄运选中而自豪的倾向，就如同他们因为被冥冥之中某种超自然的力量选中而获得了上天赐予的厄运一样。经过进一步的研究我们发现，原来这一切都是虚荣心在作怪。这些人表现得如同是某个恶魔在专门对其施加迫害一样。如果有暴风雨，那么他们就确信闪电专门是以他们为打击目标的；如果出现窃贼，那么他们就会对失窃的不只是他们家表示担心；如果发生了不幸，那么他们就会对自己一定在劫难逃表示担心。

如果一个人喜欢在所有的活动中均成为焦点人物，那么其所作所为或所思所想均会将这种倾向流露出来。无论何人，倘若经常被厄运缠身，无疑都会处在一种特别被动无助的境地，不过某些人却认为自己之所以落到如此凄惨的境地，是因为他的所有对手在对其施行报复。这类人从小就痛苦地确信，他们天生就是强盗、杀手或幽灵鬼怪的猎物。而于我们看来，他们之所以会这样想，仅仅是由于其虚荣心过分强烈而已。

不难想象，这类态度必定会在其一举一动中体现出来。例如，他们走路会弯腰驼背，就如同背负着某种重大责任一般，这不由得让人联想到那些生生世世支撑着希腊神殿、举着神殿圆柱的凯利亚蒂斯们。除此之外，他们以过于沉重、悲观的心态看待一切。如此一来，我们就可以轻易理解他们诸事不顺的原因了，即他们屡遭不幸是由于他们不但毁掉了自己的生活，还对他人的生活造成了干扰。而其虚荣心是造成这一切的根源，因为在其看来，遭遇不幸同样可以成为一个吸引注意力的方法。

第五章

情感与情绪

　　在此之前，我们讲到的性格特征在形式上实际就是情感与情绪。前者可以说是一定时间范围内的心灵活动，自觉或不自觉的突然宣泄是其表现形式。和性格特征一样，情绪宣泄也具有确定的目标和方向。至于后者，它并非所谓的无法解释的神秘现象，实际上人会产生情感的原因在于他想改变自己当下的处境，这种做法与其生活方式和行为模式相当符合。例如，如果周围没有敌人，那么一个人必定不会愤怒。换言之，人会产生愤怒这种情绪的原因就是为了达到战胜对手的目的。总之，情感和情绪是强化了的、更为激烈的心灵活动。当一个人无法想出任何更好的办法去实现目标时，情感和情绪就会自然流露出来。

　　在此我们还要谈一谈以下这类人：他们被自卑感和无力感驱使着，只好打起全部精神、使出浑身解数，无奈地拼命去奋斗；"吃得苦中苦，方为人上人"是其内心坚定的信念。因为心存深刻的不安全感，于是人们通常会为自己设定一个目标，旨在将心中的不安驱除并获得安全感，就算是有些人对于实现自己的目标并不具备足够的信心，他们也会坚守这一目标，不过在实现目标的过程中会借助于情感和情绪的表达，让自己加倍努力靠近目标。深受自卑感刺激的人同样会借助于情感和情绪的宣泄把全身的力量集中起来，从而达到强硬而激烈地实现自己所渴望的目标的目的。总之，一个人绝对有可能借助于情感或情绪这种强化了的心灵活动以实现自己的目的；倘若此办法不大起作用，那么他一定不会将情感或情绪过多地流露出来。

既然情感和情绪与人格有着这么密切的关系，那么它们就是每个人都具有的普遍特征，而非某一个人或某一群人所独有的特征，区别在于其程度因人而异罢了。不论是谁，倘若置身于某种特定的情境，他就会相应地将某种特定的情感流露出来，我们暂且用"情感适应能力"来称呼这一现象。作为人类生活必备的一个环节，我们均会切身体验到不同类型的情感。倘若我们对一个人了解得极其清楚，那么就算是从不曾与之发生过实际接触，我们也可以将其习惯于流露出的情感和情绪想象出来。作为根深蒂固的心灵现象，情感或情绪必定会对人的身体产生影响，这是不言而喻的，原因是身心一体、密不可分。伴随着情感和情绪，我们会出现相应的生理现象，具体表现为面红耳赤、脸色苍白、脉搏加快、呼吸急促等血管和呼吸器官的各种变化。

一、分离性情感

1.愤怒

愤怒这一情感会将对权力和支配地位的强烈渴求充分地表达出来，其目标相当清晰，即要迅速而猛烈地摧毁眼前的任何障碍。关于这一点，大量的研究已经证实，意即愤怒者可以说是倾其全力追求优越感的人。不过，有时对认同的追求会蜕变为对权力的迷醉。一旦出现这种情况，我们必定会看到，这类人一旦其权力受到威胁，必定会勃然大怒。他们确信（这是从过去的经验中获得的教训），借助于这种办法，可以将对方轻而易举地打败，进而达到目的。虽然这种办法并不是最好的，不过在绝大多数情况下的确可以发挥作用。或许很多人还记得，自己曾怎样在大发雷霆的情况下重新确立自己的威望。

人在某些情况下会愤怒也是情有可原的，不过当下我们要谈的并非这种理所应当的愤怒，而是一种经常出现的、习惯性的、有目的的强烈反应。

有些人愤怒起来可谓驾轻就熟、惹人注目，原因在于这种愤怒早已成了一种手段，此外他们再无其他解决问题的办法。这些人常常傲慢而且神经极其敏感，无法容忍他人和自己平分秋色，更无法容忍他人强过自己，唯有凌驾于他人之上，他们方能心满意足。于是，他们目光敏锐地观察着四周，时刻保持警觉，担心他人追上他们或者给予他们过低的评价。敏感的人一般均会具备多疑的性格特征，意即敏感之人通常很难对他人付出信任。

和愤怒、敏感和多疑密切相关的还包括其他一些性格特征。不难想象，倘若一个人始终在想着超越自己之外的所有人，那么其必定会遭遇重重困难，并且有可能被艰巨的任务吓倒，以致于无法适应社会。最终的结果就是，倘若无法如愿，他就会以让人讨厌的方式作为公开表达自己的抗议的唯一方法。例如，他或许会将镜子砸碎，或许会将昂贵的花瓶摔碎。就算他会在事后为自己当时的行为道歉，声称自己并不清楚所做的事情，他的理由也极难令人信服，因为他那种企图伤害周围人的欲望过于明显。

这种做法在小范围里或许会发生一定的作用，不过倘若将这一范围扩大，那么就没多大效果了。如此一来，易动怒的人或许就会经常与外界发生正面冲突。

关于愤怒这种情感，大家理应是耳熟能详的，一旦提到"愤怒"之类的字眼，一个性情暴躁者的形象就会立刻浮现于我们的脑海中。这类人对外部世界怀有极其明显的敌意，愤怒代表着其身上的社会感差不多不存在了；他们为了追求权力而不择手段，甚至可以做出置对手于死地的事来。可以说，情感与情绪是性格最为清晰的外化表现，既然如此，那么我们就可以在相关知识的帮助下，对多种多样的情感和情绪问题进行解释。我们认为，任何一个性情暴躁、愤怒、尖刻的人均会对社会生活持有深刻的敌意，并且这类人身上还存在一个特别突出的特点，即他们狂热地追求权力，其根本原因就是内在的自卑感作祟。当人处于勃然大怒之时，其内心深藏的自卑感以及对优越感的渴求就会暴露出来。由此可见，愤怒的确是无多大意义的雕虫小技，其目的仅是借助他人的不幸来抬高自身的价值。

作为愤怒最重要的催化剂之一的酒精，极易令人情绪失控。众所周知，人们在酒精的驱使下极易将文明的防线忽视掉。醉酒者的举止粗鲁而不文明，他们无法控制自己，更无法顾及他人。或许清醒中的人会尽其所能将自己对人类的敌意隐藏起来，或许是将自己的某些缺点克制地隐藏起来，不过倘若喝醉了，他们就会原形毕露。那些不大适应生活的人常常极易染上酒瘾，关于这一点相当好理解，原因就在于他们不但可以于醉生梦死中获得慰藉，忘却痛苦，而且可以以此为借口替自己的失败开脱。

相比成年人，儿童更爱发脾气，有时候就算是一件微不足道的小事也会令其勃然大怒。这是因为，就自卑感而言，儿童比成人更为强烈，因此他们常常会为了追求权力而采用更加激烈的方式。事实上，儿童是在用愤怒这一方式来谋求认同感，原因是他面对着的每一个障碍均是无法逾越或难以克服的。

如果怒气无法借助于咒骂和发火发泄出来，那么愤怒者本人或许就会被愤怒所伤。说到此处，我们要顺便提一下自杀。我们可以看到，在自杀行为中的自杀者一般怀有两种意图，即一方面伤害亲友，另一方面对失败的自己予以惩罚。

2.悲伤

每逢一个人由于失去或被夺走某个东西而耿耿于怀、无法自拔之时，悲伤这种情感就会自然地流露出来。和其他情感一样，这是对不快乐和软弱的一种情感补偿，为的是改变自身处境。由此可知，悲伤和愤怒的作用是一样的，不同之处在于其引发的刺激不同，因此表现形式不同。悲伤与其他情感相同之处在于，它同样隐含着对优越感的追求。例如，愤怒的人的目标是贬低对手，将自己抬高，其愤怒直指对手；悲伤则直指个体自身，这一情感等同于心灵上的退缩。换言之，悲伤者仅能于悲伤中实现抬高自己并得到满足的目的。虽然悲伤者与悲愤者获得满足的方式不同，不过其均属于一种宣泄、一种心灵活动。悲伤者经常不停地抱怨，抱怨这一行为本身就代表着喜欢抱怨之人对他人以及社会的不满和敌意。因此，虽然悲伤是人的一种天性，不过倘若过分夸张，那么它就会成为一种对抗社会的姿态。

悲伤者可以获得高高在上的优越感的原因，完全与其周围的人对待其态度有关。可以想象，倘若获得他人的同情、支持、鼓励或资助，那么悲伤者就可以让自己的处境变得轻松一些。倘若眼泪和哭泣可以发挥作用，那么悲伤者自然就可以让自己轻松地凌驾于他人之上，成为现有秩序的审判者、批评者或控诉者。此悲伤的控诉者对环境的要求越多，其控诉就越坦白越直接，其悲伤也就越重。如此一来，悲伤就会成为一个无法抗拒的理由，而悲伤者则可以借此理由把无法推卸的责任和压力强加于他人。

可以说，悲伤这一情感充分展现了以退为进、反弱为强的奋斗过程，展现了个体想要维护自己的地位、想要规避无力感和自卑感的目的。

3.情感的滥用

倘若我们想要真正理解情感与情绪的意义和价值，我们首先就要清楚情感和情绪是克服自卑感、提升自我人格以及获取认可的有力武器。实际上，在我们的现实生活中，这种利用情感作为武器的现象可谓司空见惯。如果儿童发现自己可以靠发火、伤心和哭泣来左右周围环境、摆脱被忽视感，他就会不断地尝试这一方法。这样一来，他就极易陷入一种固定的行为模式，那就是企图用自己特有的情感表达方式来解决生活中遇到的所有问题。最终的结果就是，只要需要，他就会随时将这一武器取出以达到目的。

不过，我们要清楚地知道过分依赖情感实际上是一个坏习惯，有时甚至会演变成一种病态行为。倘若一个人从小就有这个毛病，那么其成年后或许会经常滥用自己的情感。每当遭到拒绝，或者当自己的权力受到威胁，他们就会习惯性地运用起这种情感手段，接着用游戏的态度将其愤怒、悲伤以及其他所有的情感释放出来。可以想象，他如此得心应手地操纵着自己的情感，就如同在操纵木偶一样。实话实说，这种性格特征一方面不具备任何价值，另一方面还招人讨厌，更重要的是，它将情感的真正价值扭曲了。

滥用情感或许会引发某些生理反应。众所周知，有些人愤怒时其消化系统会受到极大的影响，甚至会因此而发生呕吐。这种生理反应明显带有某种程度的敌意和对抗倾向。同理，悲伤常常会让人茶不思饭不想、寝食难安，如此一来，悲伤的人就会变得憔悴不堪，成为名副其实的"断肠人"。

滥用情感是一件特别需要重视的事情，原因就在于它会伤害到他人的社会感。当痛苦的人获得他人的友善对待时，其沉痛心情就会慢慢地平复下去。不过，还有一些人极其渴望他人的关怀，竟然希望自己的悲伤可以绵绵不绝、永不消失，因为如此一来，他们就可以在同伴所给予的友谊和同情中真切地体会到自我价值和优越感。

4.嫌恶

嫌恶是一种分离性情感，和其他情感相比，其分离属性表现得不那么明显。就生理方面而言，一旦胃壁受到某种刺激，人就会产生恶心欲呕的感觉，不过，心理因素同样也可以引发恶心欲呕的感觉，这可以明确地证明嫌恶具有分离性的特点。嫌恶将一种反感或不喜欢的情绪表达出来；因嫌恶而流露出的诸多表情一方面代表着对环境的蔑视，另一方面代表着用排斥的态度来看待问题。嫌恶这一情感极易被滥用，相当多的人以其为借口来逃避某些不愉快的处境。嫌恶还是一种相当容易被激发出来的情感，而人们一旦对某些社交场合心生嫌恶，自然就会想到逃离。可以说，嫌恶是最容易被激发出来的一种情感。如此一来，一种原本无害的情感就成了反社会的有力武器，或者说就成了逃避社会的有效借口。

5.恐惧和不安

恐惧和不安是人类生活中最值得注意的现象之一。这种情感不但是一种分离性情感，和悲伤一样，它还会在人与人之间制造出一边倒的局面，进而让某些人将责任和义务推给他人，因此它还是一种麻烦。例如，当儿童由于恐惧而企图躲避某种处境时，其采取的一般方式就是寻求他人的保护。恐惧和不安这种心理机能就其表面而言，并不存在任何优越性，没错，它看上去好像就是失败的代名词。恐惧不安之人会尽其所能地让自己显得渺小无助，如此一来，这种情感的分离性特征（也就是对优越感的追求）也就随之暴露出来了。换言之，这样的人寻求庇护的目的就是想借助这种方式以养精蓄锐，直至确信自己具备了直面并战胜摆在眼前危险的能力为止。

恐惧和不安是一种天生的、根深蒂固的情感，或者可以说恐惧是所有生物均具有的天性。在人类的身上，这种情感表现得格外显著，原因就在于人类本身是脆弱的、不堪一击的。儿童缺乏足够的人生历练，对生活的认识也相当粗浅，因此仅靠个人力量是绝对无法平稳顺畅地走下去的，一定要依赖他人的扶助才行。他一踏入生活就会感受到扑面而来的诸多困难，他会因为危机四伏的生存环境而受到种种影响，进而产生一种强烈的不安全感。儿童在处于不安全感的过程中一直都面临着失败的危险，于是他们就会形成一种悲观倾向，渴求外界的帮助和照顾就成为其主导性格。如此一来，他越是去解决自己的人生难题，就会越谨小慎微，甚至是裹足不前。如果硬逼着他往前，那么他还会产生随时逃跑的念头。

我们进一步对这一现象进行深入研究，就会获得此前在讨论焦虑这一性格特征的那个章节里所得出的各种结论。我们的研究表明，恐惧和不安极其强烈的人一般具有如下特点：他想要获得他人的帮助，他想要他人对自己时刻予以关注，而事实上，他之所以这样做就是为了构建一种他人一定要随时为其提供帮助的主仆关系。我们进一步发现，有相当多的人终生都在渴望得到特别关注。这些人的独立能力由于生活经验的缺乏而大打折扣，所以他们格外需要特别关注，不过，不管他们多么渴求与他人在一起，其社会感仍少得可怜。他们表现得如此不安是为了获得特权地位。他们可以凭借恐惧与不安避开生活的诸多要求，还可以征服周围的所有人。慢慢地，他们将这种分离性情感渗入其日常生活的所有关系中，进而成为其获得支配地位的一个重要工具。

二、结合性情感

1.快乐

快乐是一种最容易沟通人与人之间关系的情感，也是一种和疏离与孤立完全不同的情感。快乐的人喜欢与他人一起玩，喜欢与人为伴、与人分享时，其快乐的心情均溢于言表。快乐是一种结合性情感，用语言可以如此表述：快乐是将友好之手伸向同伴，是向他们传递温暖。很明显，这种情感包含了结合性因素。当然，快乐的人同样也会产生不满足感或孤独感，同样也需要设法克服这些负面情绪，并且他同样会沿着我们此前所讲过的那些路线去获取某种程度上的优越感。实际上，倘若想克服困难，那么快乐理应称得上是一个最佳办法。有快乐之处就必定存在欢笑，换言之，欢笑即是快乐这一情感的基本元素。欢笑可以缓解压力、令人放松；欢笑还可以扩展到所有人，因为它具有极强的感染力，极易引发他人的共鸣。

不过，某些人出于个人目的会滥用这种欢笑和快乐。例如，一个害怕自己不能得到重视的病人在听到大地震的消息时，并不像其他人那样感到悲伤，相反却是喜形于色，原因是他认为悲伤会令自己变得软弱无力，于是就选择逃离悲伤，试图表现出快乐这一与悲伤相反的情绪。幸灾乐祸也是一个滥用快乐的例子。所有在错误的时间、错误的地点表现出来的快乐均是对社会感的否定和破坏，均是一种分离性情感，是一种旨在将他人征服的工具。

2.同情

同情是最能将社会感体现出来的一种情感表达方式。倘若可以在一个人身上发现同情这一情感，我们差不多就可以断定此人具备和他人融洽相处的能力，进而可以断定其具有成熟的社会感。

相比同情本身，更为常见的是习惯性地滥施同情。滥施同情的人从表面上看好像具有极其强烈的社会感，实质上，其行为仅是一种虚假浮夸的表现而已。例如，有些人拼命挤进灾难现场的目的就是为了可以上报纸、出名，而事实上他们并不曾为受害者做过任何事；还有一些人之所以这样做或许纯粹是为了要窥探他人的不幸。对于这些为了同情而同情的人，对于这些别有用心的"同情者"，我们一定要将其人格和行为联系起来看待，因为事实上他们是在借此将自己比那些可怜而贫穷的施舍对象更为优越之处显示出来。这就像深谙人性的拉罗什福科曾说过的一样："我们总能从朋友的不幸中获得满足感。"

3.谦虚

谦虚作为一种集结合性和分离性于一身的情感，是社会感的一个重要组成部分，它和我们的心灵活动紧密相关。一旦失去了这种情感，人类社会就将消失。当一个人的存在价值降低时，当他不再对自我价值予以关注时，他就会产生谦虚这一情感。这一情感会引发身体的强烈反应，像毛细血管充血，皮肤表面的毛细血管一旦充血人就会脸红。这种现象经常可以在面部发现，不过也有一些人会全身发红。

就外在表现而言，谦虚事实上就是一种退缩，而且相当于在为逃离危险处境做准备，这是一种伴随着轻度沮丧的孤立姿态。因此可以说，倘若一个人经常低垂着双眼，或者脸上露出羞赧之色，那么我们绝对可以将其行为看作退缩或逃离的征兆。由此可见，谦虚绝对是一种分离性情感。

　　与其他情感一样，谦虚也存在被滥用的可能性。有的人动不动就脸红，是因为这种分离性特征会对其与朋友的一切关系造成危害。谦虚一旦被滥用，它导致的分离作用肯定会更加突出。

附　录

教育总论

在此，我们将对此前曾数次提到过的一个问题进行更深入的补充说明。这一问题就是在一个人的成长过程中，其家庭、学校以及生活中所受到的教育会对其心灵成长造成的影响。

可以肯定的是，在极大程度上，现代家庭教育助长了权力欲和虚荣心的发展，我们所有人差不多均经历过这样的家庭教育。当然，家庭的优势还是相当明显的，难以想象就照顾和教育孩子而言，从适合性和做得好坏的角度而言，还会存在什么好的机构，尤其在人生病的时候，家庭的确是一个最好的避风港。倘若父母深谙教育之道，有足够的能力可以认清和了解孩子身上初露端倪的错误，而且还可以用正确的教育方式纠正或制止这些错误，那么我们绝对可以承认，相比其他机构，家庭是最为合适照顾并保护人类的场所。

不幸的是，绝大多数为人父母者并非优秀的心理学家，亦非称职的教师。结果就是在当今的家庭教育中，唱主角的永远都是某种病态的家庭中心主义。这种家庭中心主义要求自己的孩子受到独特的教育、成为出类拔萃的人物，甚至为了达到这一目标而不惜牺牲其他孩子的利益。从心理学的角度来看，家庭教育就犯了一个最严重的错误，即将错误的观念灌输给孩子，使之将自己看作最棒的，一定要超过其他人，而任何以父权观念为基础的家庭均会存在以上想法，于是就必定会引发诸多弊端。

可以说，父权观念与社会感是相悖的，它造成了一个人某种程度上对社会感的抗拒心理。不过，通常无人敢大张旗鼓地公然抵抗社会感。权威教育的最大弊端在于其将追求权力这一思想强行灌输给了儿童，并将拥有权力的诸多乐趣展示给儿童。于是，儿童就会养成尽全力追求主宰权的性格，不但变得野心勃勃而且极度虚荣，他会对独领风骚、受人尊崇充满了渴望。除此之外，儿童在现实生活中总是可以亲眼看到人们在权贵阶层的脚下匍匐着，对其唯命是从，因此他们早晚会以此为榜样，要求他人对自己俯首帖耳。一旦儿童形成这种错误的观念，那么必定会在其父母以及世界面前摆出一副斗志昂扬的挑衅姿态来。

倘若家庭教育的主流是提倡追求权力，那么儿童通常是无法忽视超越他人这一目标的。关于这一点，我们可以发现那些喜欢扮演"大人物"的小孩子表现得尤为突出。还有一些人经常会有意或无意地回忆童年往事，这表明其对于儿时那种备受呵护、唯我独尊的感觉相当留恋，并且对于可以在现实生活中继续享有那样的待遇充满了渴望之情。这种人如果遇到挫折，如果无法达成所愿，那么他们就会选择逃离这个令其感到充满敌意的世界。

当然，家庭也可以促进社会感的发展。不过我们清楚，家庭中通常会存在追求权力和权威的影响，在这种环境下，社会感的发展必定是有限的。人人均拥有寻求爱与温情的本能，而这种本能最早源于和母亲的联系。于儿童而言，或许与母亲的联系是其最重要的一段人生经历，这是由于此时他会意识到身边有一个绝对值得其信赖的人，会明白"我"和"你"（也就是自己和他人）之间的区别。尼采曾说："所有人的所爱之人的形象均源于其与母亲的关系。"裴斯泰洛齐也曾指出，母亲是一个理想榜样，她决定着孩子今后和世界之间的关系。总之，孩子与母亲之间的关系确实对孩子日后的任何活动起着决定性作用。

培养孩子的社会感是母亲的天职。孩子身上的反常人格不但得自其与母亲的关系，而且也反映了母子关系的状况。倘若母子之间的关系发生了扭曲，那么孩子身上必定会存在某种社会性缺陷。一般情况下，母亲所犯的最常见的错误有两种。一种是母亲不曾尽到对孩子的责任，以致于孩子的社会感不曾获得正常的发展。孩子的这种缺陷特别值得注意，原因就在于它会引发一系列不良后果。倘若有人想对其予以帮助，那么除了扮演其母亲的角色之外，别无选择，原因就在于这恰好是其在成长过程中不曾意识到的丢失物。第二种错误更为常见一些，即尽管母亲尽其所能地扮演着自己的角色，不过却做过了头，以至于孩子的社会感仅局限于母亲，无法拓展到其他人身上。这类母亲允许孩子将其全部的情感都倾注于自己身上，换言之，这类孩子关注的唯一对象就是自己的母亲，而对其他人则一概以排斥的态度相对。

除了和母亲的关系之外，还有相当多的因素在教育方面起着重要的作用，例如，快乐的幼儿园生活是儿童顺利地踏出社会的第一步。儿童在其最初出生的数年里，会遭遇无数的困难，因此极难跟得上世界的步伐，或者说此时的他认为这个世界并非一个令人心旷神怡的地方。倘若可以对这一阶段的儿童所面临的难处多加理解，我们就会明白，于儿童之言，婴幼儿时期的印象极其重要，它们甚至可以说是指示未来人生方向的精神路标。除此之外，这个世界上还有着无数天生体弱多病的儿童，因为身体的原因，他们会经历更多的痛苦和悲伤，即使在幼儿园里也一样。当我们明白这一切时，我们就可以理解大多数儿童长大成人之后很难适应生活、很难融入社会的原因，他们不具备作为人类一分子所应该拥有的社会感的原因。

此外还要对教育方式这一因素格外注意，错误的教育方式会导致恶劣的影响。例如，儿童所有的人生乐趣会被严厉的权威教育所扼杀。再例如，帮儿童将其成长之路上的所有障碍扫除，使之于温室中长大，或者说为他"设置"好了一切，这类教育绝对会使儿童在长大成人之后无法适应一切与家庭不同的环境。

总之，家庭教育在我们的社会中的确无法培养出我们所期望的那种可贵的伙伴关系，因为它注重的仅仅是培养一个人的虚荣心、野心和功利心。

　　那么，如何弥补儿童成长过程中的错误并改善其成长环境呢？学校就是答案，不过，诸多调查研究说明，当今的学校教育恐怕无法胜任此项任务。今天，差不多没有一个教师敢于自称可以认清儿童身上的人性缺陷，并就当前的教育条件将这些缺陷纠正过来。换言之，教师压根儿不可能胜任此项任务。教师所做的只不过就是照本宣科，将一些课程"贩售"给学生，至于人性的本质问题，他是一点儿也不敢碰的。除此之外，由于如今每个班级的学生人数过多，教育的效果也因此会受到一定的影响。

　　是不是就不存在其他的可以弥补家庭教育的缺陷的方法呢？也许有人会说，生活就可以。然而，生活本身也存在一定的局限性，它并不能彻底将一个人改变（虽然有时候好像可以），这是由于它受人的虚荣心和野心所限。一个人无论犯了多少错，其均倾向于将责任推在他人身上，或者认为自己之所以如此做均是由于形势所迫。我们发现，在那些对抗社会或犯错误的人当中，极少有人愿意对自己的过失认真反省。关于这一点，我们在上一章中所讲到的情感滥用就是一个极好的证明。

　　生活本身并不会令人发生根本性的变化。从心理学的角度而言，这是具有一定道理的，原因是目标明确地为权力而奋斗的人是人类的成品，也是生活所要面对的。事实上，生活对每个人均可以称之为最糟糕的老师，它不会替我们着想，也不会给我们提出警示，更不会对我们谆谆教导，相反，它仅是一味地将我们拒绝，让我们处于自生自灭的境地。

讲到此处，我们无奈地得出如下结论：唯一可以有效改变人的机构就是学校。倘若学校的职能不被滥用，它绝对可以起到将人改变的作用。不过，迄今为止，学校的状况通常是这样的：掌管学校的人总是打算把学校打造成满足其个人虚荣、实现其个人野心的工具。当前，我们经常可以听到以下这种舆论：理应将学校的旧式权威恢复。可是，旧式权威不是不曾产生过任何效果吗？为什么一种已经被证实是有百害而无一利的权威会在一夕之间变得如此可贵呢？当我们看到家庭中的权威（事实上这还算是一种相当好的形式）所造成的唯一后果就是产生普遍的反抗时，又怎么可以让学校的权威产生有益的作用呢？只要是强加给我们的而非凭借我们自身能力获得承认的权威，就根本不会成为真正的权威。

如今太多的儿童是带着"教师仅仅是政府的雇员"这样的想法来到学校的。由此可见，如果把权威强加在儿童身上，一定会对儿童的心灵发展造成极其恶劣的影响。所以说，权威万万不可以依靠强制手段来确立，它一定要建立在社会感的基础上。学校是所有儿童在其成长过程中一定要经历的一个环节，因此它务必要成为一个适于心灵健康发展的场所。只有当学校符合了此要求，我们才能称其为一所好学校。只有这样的学校才能称其有益于人类社会的学校。

结论

我们在本书中试图阐明以下理念：人的心灵是一种具备生理功能和心理功能的遗传性物质；其发展完全由社会影响决定。换言之，人一方面要满足其自身机体的多种需要，另一方面要满足人类社会的诸多要求。这就是心灵所处的大环境，这些条件以及因素必定会制约心灵的发展。

我们对心灵的发展做了深入的考察研究，对知觉、回忆、情感，以及思维的功能和作用进行分析，最后还对性格和情感的特征进行讨论。我们认为，以上这些现象均是由紧密联系在一起的纽带联结起来的；这些现象一方面受社会生活法则的制约，另一方面受个体追求权力和优越感的影响，所以其带有鲜明的个人色彩。我们还对"个人对优越感的追求是怎样受因人而异的社会感所限制的，是如何促使个人形成独特的性格特征的"这些问题进行了讨论。性格特征并非得自遗传，其形成符合基本的心理发展模式，而且它一直对人必须有意识地向着一个统一的方向前进发挥着推动作用。

我们对相当多的对于了解一个人来说极具价值的性格特征和

情感进行了详细的讨论，不过对其中那些不那么重要的则不会过多论述。我们认为，倘若心存对权力的渴求，那么人人均会存在一定程度的野心和虚荣心。我们可以从诸多野心和虚荣心的表现中清楚地看到一个人对权力的渴望以及追求权力的方式。同时我们也指出，个体的正常发展一定会受到膨胀的野心和虚荣心的阻碍。倘若野心和虚荣心过分膨胀，就会阻碍个体社会感的发展，甚至还会彻底扼杀其社会感。

野心和虚荣这两种性格特征可以造成干扰性影响，一方面会令社会感的发展受到抑制，另一方面会将极端渴望权力的人引向自我毁灭之路。在我们看来，这是一条确定无疑的心灵发展规律，相对于一切想要清醒而独立地安排自己命运的人来说，对于一切不想懵懂无知、不知所以然地活着的人来说，这均是一个极为重要的标尺。

以上这些研究均为我们于人性科学方面所做的尝试，而这也恰好是探索人性奥秘的唯一途径。总而言之，于我们所有人而言，理解人性是必需的，所以人性科学作为一门研究人类心灵活动的学科，于我们所有人来说均是不可或缺的。